Hans-Friedrich Haage

Kakteen

Schöne Ideen für Zimmer, Balkon und Garten

mit 139 Farbfotos,
14 Farbzeichnungen von Lutz-Erich Müller, Leipzig und
59 Bleistift-Zeichnungen von Helmut Meiner, Meißen

Ulmer

Seite 4

Faszination Kakteen

Seite 16

Kakteen bei Ihnen daheim

Seite 34

Kakteen pflegen und vermehren 34

Seite 54

Kakteen im Porträt

Faszination Kakteen

Viele der bei uns angebotenen Kakteenarten sind wahre Lebenskünstler, dabei anspruchslos und anpassungsfähig. Aber was lässt die Kakteen so liebenswert erscheinen? Ist es der unglaubliche Überlebensdrang, die Fähigkeit, sich unter schwierigen Lebensumständen durchzusetzen? Bei langjähriger Beschäftigung mit den Kakteen entwickelt sich häufig eine ganz persönliche Beziehung zu den Pflanzen.

Kakteen sind außergewöhnliche Pflanzen!

Sogar nach ausbleibender Wasserversorgung können Kakteen noch wachsen und blühen, während andere Zimmerpflanzen schon welken.

Rein äußerlich unterscheidet sich ein Kaktus durch seine Form deutlich von anderen Zimmerpflanzen. Er besitzt keine Blätter, ist kugelig oder zylindrisch-kompakt und oft mit Dornen bewehrt. In seinem Körper verfügt er über Speichergewebe, das viel Wasser enthält (Sukkulenz). Diese äußeren Merkmale zeigen, welche Strategien Kakteen entwickelten, um bei Wassermangel überleben zu können. Durch die Kugelform wird die Wasser verdunstende Oberfläche bei größtmöglichem Speichervolumen minimiert. So kann man beobachten, dass an den trockensten Naturstandorten nur Kakteen mit annähernder Kugelform wachsen, ob sie nun riesengroß werden oder ganz klein bleiben. Ein weiteres Merkmal der meisten kompakten Kakteen ist die Gestalt des Körpers. Sie ist nicht einfach glatt, sondern in Rippen oder Warzen aufgelöst. Die Außenhaut ist besonders derb und lederartig ausgebildet. Die Spaltöffnungen, die den Gasaustausch zwischen Pflanze und Umgebung regeln, sind zahlenmäßig gering und in Gruben eingesenkt, um Verdunstungsverluste so gering als möglich zu halten. Besonders auffällig sind natürlich die Dornen, dichte Borsten oder weiße Wolle, die die Pflanzen umhüllen, um sie vor Hitze und Kälte zu schützen.

Rekorde, Rekorde!

Erstaunlich sind auch die Leistungen der Kakteen angesichts der harten Bedingungen am Naturstandort: Schutzlos der sengenden Sonne und zehrendem Wind ausgesetzt, überdauern Kakteen monatelange, auch jahrelange Trockenzeiten – und blühen sogar noch! Genaue ökologische Untersuchungen wurden über fast 50 Jahre im „Wüstenlabor" in Tucson, Arizona (USA) in der Sonorawüste durchgeführt. Hier wurde ein etwa 40 kg schwerer *Ferocactus* ausgegraben und über sechs Jahre in einem schattigen Raum gelagert. Nach Ende des Versuches war der Wassergehalt des Gewebes mit 94 % noch eben so hoch wie sechs Jahre zuvor. In der gleichen Zeit hatte die Pflanze etwa 30 % ihres Gewichtes verloren, was auf den weiteren Abbau von Kohlehydraten, also die Veratmung schließen ließ. Damit war der Beweis erbracht, dass Kakteen trotz

Entwicklung vom beblätterten Strauch über säuligen Wuchs zum Kugelkaktus.

fehlender Wasseraufnahme über Jahre hinweg den lebenswichtigen Stoffwechsel mit Hilfe der gespeicherten Stoffe aufrechterhalten können.

Der Riesenkaktus *Carnegiea gigantea* erreicht in der Sonorawüste eine Höhe von 10 – 12 m. Der Hauptstamm hat dabei einen Durchmesser von 30 – 40 cm und trägt fünf bis sechs armartige Verzweigungen. Die Hauptwurzeln der *Carnegiea* gehen kaum tiefer als 1 m in die Erde. Dafür können aber die flach ausgebreiteten Seitenwurzeln geringste Niederschlagsmengen im Umkreis von 30 m aufnehmen. Die feinen Saugwurzeln sterben bei Trockenheit ab, werden aber bei einsetzendem Regen in kürzester Zeit neu gebildet. Versuche ergaben, dass nach sechsmonatiger Trockenheit bereits acht Stunden nach Feuchtigkeitsgabe die ersten Saugwurzeln ihre Tätigkeit aufnahmen. Nach 24 Stunden war bereits die Hälfte der vorherigen „Saugleistung“ wieder erreicht.

Die dichte Bedornung schützt die Pflanze vor intensiver Sonnenstrahlung.

Mit Hilfe von Messungen des Rippenabstandes konnte man nachweisen, dass dieser sich nach einem Regen erheblich vergrößert – um 35 % oder 2,5 cm bei *Carnegiea gigantea*. Das bedeutet eine Wasseraufnahme von etwa 250 l bei einer 5 m großen Pflanze! Die Rippen funktionieren wie ein Blasebalg-Mechanismus, der die Aufnahme derartiger Wassermengen ermöglicht, ohne dass die dicke, ledrige Außenhaut aufplatzt.

In Regionen, die durch regelmäßig auftretende Nebel gekennzeichnet sind, existiert eine weitere Art der Anpassung: Die Dornen sind mit einer Feinstruktur ausgestattet, auf der Nebel zu winzigen Wassertröpfchen kondensiert. Feine Kanäle auf den Dornen leiten das aufgefangene Wasser dann ins Pflanzeninnere.

Die wohl erstaunlichste Besonderheit sukkulenter Pflanzen ist der veränderte Ablauf der Photosynthese. Um unerwünschte Wasserverluste beim Gasaustausch über die Spaltöffnungen zu verhindern, werden diese nur nachts geöffnet. Das für die Zuckersynthese notwendige Kohlendioxid wird zunächst an organische Säuren im Zellsaft „zwischengelagert“. Tagsüber wird es dann unter Mitwirkung von Sonnenlicht und Blattgrün (Chlorophyll) mit Wasser zu Zuckerverbindungen umgesetzt. Deshalb wachsen Sukkulenten viel langsamer als andere Grünpflanzen, vertrocknen aber dafür auch nicht so schnell.

Wo Kakteen herkommen und was sie brauchen

Melokakteen wachsen in fast reinem Quarzsand, in dem die Niederschläge rasch versickern.

Epostoa guentherii an steilen Berghängen, die trotz häufiger Niederschläge recht trocken sind.

Kakteen sind „reinrassige" Amerikaner, ihre ursprüngliche Heimat ist fast ausschließlich der amerikanische Kontinent. Die größte Artenvielfalt besteht in den Trockengebieten um den nördlichen und südlichen Wendekreis. Aber sogar in Gebieten mit ganzjährigen Niederschlägen wachsen Kakteen.

Standorte ohne ausgeprägte Trockenzeit

Auf den Karibischen Inseln, im Osten und Südosten Brasiliens, in Uruguay, im nordöstlichen Argentinien, aber auch an der Ostküste Mexikos findet man Kakteenstandorte, obwohl es dort keine Trockenzeit gibt. Der hohe Sonnenstand bedingt gleichmäßig hohe Temperaturen mit einem kaum merklichen Wechsel der Jahreszeiten. Das Vorkommen von Kakteen konzentriert sich hier oft auf Flächen, die durch geologische oder tektonische Gegebenheiten trockener sind als ihre Umgebung. Durch die Wasserspeicherfähigkeit sind sie hier gegenüber nichtsukkulenten Pflanzen konkurrenzfähig. Solche speziellen Standorte können aus der Landschaft herausragende Hügel oder Felsen, durch Horstgräser entstandene Erhöhungen, Sandinseln oder Geröllhalden mit lockerem Gestein sein, an denen das Wasser sehr schnell wieder abläuft, versickert oder verdunstet.

An der Westküste von Mexiko, auf Kuba, in Ecuador und Nordperu, aber vor allem im südöstlichen Brasilien an gleichmäßig feuchtwarmen Standorten findet man überall *Melocactus*, obwohl es sich um geografisch weit voneinander entfernte Gebiete handelt. Die Kakteen wachsen hier immer an Stellen mit sehr wasserdurchlässigem Boden, meist in fast reinem Quarzsand. Weniger stark verbreitet, aber ebenfalls vorrangig in Quarzsand wächst *Discocactus*, der überwiegend in Ostbrasilien seine Heimat hat. Zahlreiche Vertreter der Säulenkakteen sind in den feuchtwarmen Regionen Brasiliens zu finden, ein markantes Beispiel ist die Gattung *Micranthocereus*.

Für Kakteen in Kultur bedeutet das: Alle Arten dieser Gattungen benötigen Sommer wie Winter einen gleichmäßig warmen Standort bei Temperaturen zwischen 15 und 25°C und ebenso gleichmäßige Feuchtigkeit. Neben der Bodenfeuchtigkeit spielt auch die Luftfeuchtigkeit eine große Rolle für das gute Gedeihen der Pflanzen. Für die Kultur daheim kann man mit regelmäßigem Versprühen von Wasser die Luftfeuchtigkeit erhöhen und im Winter das Gießen teilweise ersetzen. In der lichtarmen Jahreszeit ist der Wasserbedarf zwar geringer, aber austrocknen darf der Wurzelballen dennoch nicht.

Epiphyten in luftiger Höhe

In tropischen Regen- und Feuchtwäldern herrscht ein Klima mit beinahe täglichen, reichlichen Niederschlägen und ganzjährigen Durchschnittstemperaturen über 20°C. Immergrüne Baumriesen beherbergen eine unvorstellbare Vielzahl epiphytisch wachsender Pflanzen. Ausgeklügelte Lebensgemeinschaften zwischen Pflanzen, sogar zwischen Pflanzen und Tieren haben sich entwickelt. Hier denkt man sofort an bunt blühende Orchideen, an Bromelien, speziell an Tillandsien, an Lianen, die sich von Ast zu Ast ranken. In all dem Gewirr von unterschiedlichen Pflanzen findet man auch Kakteen – so überraschend das auch erscheinen mag. Genauere Untersuchungen zeigen allerdings, dass Epiphyten eine gewisse Trockenheitsresistenz aufweisen. Schließlich sorgen Sonne und Wind in der luftigen Höhe schnell für Trockenheit, wenn es aufhört zu regnen. So können sich bestimmte Kakteenarten mit ihrem Wasserspeichervermögen auch an diesen Standorten behaupten. Allerdings haben sich epipytisch wachsende Kakteen in ihrem Äußeren im Laufe der Entwicklung stark verändert. Die Triebe haben entweder eine flache, blattähnliche Form angenommen (*Epiphyllum, Disocactus*) oder sind zu schlanken Ranken mit Haltewurzeln umgebildet (*Selenicereus, Weberocereus, Hylocereus*). Bei *Aporocactus* sind die Triebe vielrippig, rund und mit zahlreichen kurzdornigen Areolen ausgestattet. Am vielgestaltigsten ist die Ausbildung der Triebe bei den Arten von Korallenkakteen (*Rhipsalis*). Sie können feingliedrig oder blattartig flach sein oder als schlanker, herabhängender Trieb wachsen.

Für Kakteen in Kultur bedeutet das: Epiphytisch wachsende Kakteen sind zur Kultur in Ampeln bestens geeignet. Die rankenden Arten wachsen sehr gut an einer Wand mit Spalier, an dem sie empor klimmen können. Entsprechend ihrer Herkunft müssen sie regelmäßig mit Wasser versorgt werden und Sommer wie Winter gleichmäßig warm stehen. Als Substrat ist eine Mischung aus grober Rinde, Torf, einer nahrhaften Gartenerde und grobem Blähschiefer oder Lavalit empfehlenswert. Wichtig ist die lockere Struktur, bei der überschüssiges Wasser schnell abläuft und viel Luft an die Wurzeln kommen kann. Außerdem ist eine gute Nährstoffversorgung zu gewährleisten.

In der feuchtwarmen Klimazone Amerikas werden auch Bäume von Kakteen besiedelt.

Standorte der weiten Ebenen und Hügel

Weites Grasland, hier und da ein Hügel, ein Felsen oder Tafelberg: diese Landschaften um den nördlichen beziehungsweise südlichen Wendekreis sind reich an Kakteen. Bekannte Beispiele sind das Hochland von Mexiko, in Südostbrasilien die „Catinga", in Paraguay der „Gran Chaco", in Bolivien die „Pampas" der Sierra de Cordoba und in Südwestargentinien das Vorandengebiet „Tucuman". Hinsichtlich Temperaturverlauf und Niederschlägen herrschen in Mexiko viele Parallelen zu Südamerika. Die Winter sind mehr oder weniger trocken bei Temperaturen zwischen 5 und 15°C. An Standorten des Hochlandes von Mexiko sind gelegentliche Nachtfröste möglich.

Dagegen liegen die Temperaturen an den südamerikanischen „Hügelland-Standorten" etwas höher und die Trockenzeit wird durch gelegentliche Regenfälle unterbrochen. Erst im Frühsommer werden die Niederschläge so ergiebig, dass sich der Boden für eine kurze Zeit mit Feuchtigkeit sättigen kann. Dann wird das Steppengras wieder grün und die vor wenigen Wochen noch verbrannt und wie tot wirkende Steppe verwandelt sich durch tausende Sommerblumen und Zwiebelgewächse in einen blühenden Teppich. Die Durch-

Argentinisches Andenvorland mit Trichocereus pasacanta.

Echinocereus enneacanthus am Fuße des El Pilar im Hochland von Mexiko.

schnittstemperatur beträgt am Tage 30 bis 35°C und sinkt in der Nacht auf Werte um 10°C. Es herrscht für wenige Wochen ein humides Klima. Schon zu Beginn bis Mitte des Sommers werden die Niederschläge seltener, das Erdreich trocknet aus. Samen und Zwiebeln reifen, während die oberirdischen Pflanzenteile verdorren und absterben. Nur die Kakteen können dank des gespeicherten Wassers auch während der Trockenzeit weiter wachsen und gedeihen.

Für Kakteen in Kultur bedeutet das: Aus diesem Wechsel zwischen winterlicher Trockenzeit (Ruhezeit) und vorsommerlicher Regenzeit (Wachstumszeit) ergeben sich die Grundregeln für die Pflege vieler bei uns kultivierter Kakteenarten: im Winter trocken und kühl und im Frühjahr warm und feucht. Das gilt für die in Mexiko beheimateten Arten der Gattungen *Ariocarpus, Astrophytum, Coryphantha, Echinocactus, Ferocactus, Leuchtenbergia, Lophophora, Mammillaria, Stenocactus* und *Turbinicarpus.*

Wie Kakteen vorkommen

Kakteen wachsen nicht überall und wahllos durcheinander. Oft hat eine Art oder Artengruppe ein ganz eng begrenztes Verbreitungsgebiet, zum Beispiel nur den Hang eines Berges oder ein Tal. Andere Arten findet man an vielen Standorten über große Landstriche hinweg.

Die Pflege der Kakteen von südamerikanischen Standorten ist weniger heikel. Die Wintertrockenzeit kann durch einige wenige Wassergaben unterbrochen werden. Im Sommer sind manche Arten für etwas Schutz vor direkter Sonne dankbar. Da die ältere, differenzierte Gattungsgliederung stärker standortbezogen war, soll sie deshalb hier Verwendung finden. Diese Pflegehinweise gelten für die Arten der früheren Gattungsnamen *Brasilicactus, Eriocactus, Echinopsis* im engeren Sinne, *Frailea, Notocactus,* die flach wurzelnden *Gymnocalycium, Brasiliparodia und Pilosocereus.*

Oreocereus trollii auf 3500 m Höhe in der südbolivianischen Punaregion.

Gebirgs- und Wüstenstandorte

An Berghängen, in Tälern und auf den Hochplateaus der Anden von Peru bis Argentinien, in Höhenlagen von 2000 bis 4000 m finden sich zahlreiche Kakteenstandorte. Die Pflanzen wachsen hier unter extremen Bedingungen. Die Sonne strahlt – bedingt durch die dünne Luft – ungehindert auf das Felsgestein. Trotz der Höhenlagen werden Temperaturen von 35 bis über 45°C am Tag und oft unter 0°C nachts gemessen. Die wenigen Niederschläge fallen fast ausschließlich im Sommer als Sturzregen. An steilen Hanglagen laufen sie schnell oberflächlich ab oder versickern im felsigen Gestein. Sobald die Sonne durch die Wolken bricht, ist alles wieder trocken. Durch Sonne, Wind und Regen wird der wenige Humus – gebildet durch die dürftige Vegetation – schnell abgebaut, verweht oder ausgewaschen. Nur in Felsspalten und Mulden kann er sich sammeln. Zusammen mit dem verwitterten Gestein bildet er die kargen Voraussetzungen für weiteres Pflanzenleben. Solche Standorte sind reich an Phosphor und Kalium, aber sehr arm an Stickstoff und

organischer Substanz. Die meisten hier wachsenden Kakteen bilden lange Pfahlwurzeln, um tief in Felsritzen noch Wasser und Nährstoffe zu finden.
Typische Vertreter dieser Standorte sind Arten der Gattungen (nach alter Nomenklatur) *Acanthocalycium, Lobivia, Chamaecereus, Rebutia, Aylostera* und *Mediolobivia, Oroya, Parodia* (nicht alle Arten), *Sulcorebutia, Weingartia* und zahlreiche, vorrangig Rübenwurzeln bildende Arten von *Gymnocalycium*.
Vergleichbar extreme Klimaverhältnisse finden sich in der nordmexikanischen Sonora- und Chihuahua-Wüste sowie auf der Kapregion Niederkaliforniens (Baja California). Durch die geringere Höhenlage steigen in den Wüsten die Temperaturen noch höher, im Winter können in einigen Gebieten auch Fröste auftreten. Auf der Baja California sind die Temperaturen durch die Meeresnähe ausgeglichener. Die Niederschläge fallen zumeist in den Sommermonaten, sind aber für eine dauerhafte Vegetation nicht ausreichend. Für kurze Zeit verwandeln sich die Savannen zu blühenden Landschaften. Kakteen dieser Standorte bilden im Gegensatz zu den Arten der Andenregion ein sehr flaches, weit ausgebreitetes Wurzelsystem. Damit können sie geringste Niederschlagsmengen, ja sogar den Morgentau aufnehmen. Typische Vertreter dieser Standorte sind Arten der Gattungen *Echinocereus, Mammillaria, Escobaria* und *Coryphantha*.
Für Kakteen in Kultur bedeutet das: So verschieden die Gebirgs- und Wüstenstandorte auch sind, die hier vorkommenden Arten lassen sich ohne Probleme gemeinsam kultivieren. Eine trockene, kalte Überwinterung bei Temperaturen, die auch bis 0°C absinken können, ist ihnen sehr zuträglich. Allerdings gibt es bei der großen Artenzahl von *Echinocereus* erhebliche Unterschiede in der Kälteverträglichkeit. Arten der Baja California brauchen auch im Winter einen wärmeren Standort, während *Echinocereus* aus Höhenlagen oder von nördlichen Standorten zum Teil bei trockenem Standort auch in unseren Breiten frosthart sind. Mit dem Gießen im Frühjahr sollten Sie sich sehr zügeln. Besser bis Ende März warten, als die Pflanze mit dem Gießen in ihrer ausklingenden Winterruhe zu stören. *Rebutia* hat die Eigenart, bei plötzlichen Wassergaben die angelegten Blütenknospen in Kindel umzuwandeln. Sind die Pflanzen im Wachstum, müssen Sie bis in den Sommer hinein mit dem Wasser nicht sparen. Nur bei heißem Wetter darf niemals gegossen werden, da dann schnell Schadpilze auftreten. Sofern Sie die Wassergaben rechtzeitig zu Beginn des Herbstes einstellen, ist eine erfolgreiche Überwinterung gewährleistet. Der „Winterschlaf" der meisten Gebirgsarten ist so tief, dass man sie ohne Licht überwintern könnte, wenn sie absolut trocken und kühl gehalten werden. Für die Riesenkakteen *Carnegiea gigantea, Ferocactus* und *Echinocactus* sollten die Überwinterungstemperaturen ähnlich wie für die niederkalifornischen *Echinocereus*-Arten nicht unter 5°C fallen. In der Zeit von November bis März vertragen sie zwei bis drei Wassergaben.

Extrem trockener Wüstenstandort mit tonnenschwerem Ferocactus

Standorte mit winterlichem Dauerfrost

Die nördlichsten Kakteenvorkommen (*Opuntia*-Arten) liegen am Peace River in Südkanada. Auch an weiter südlich gelegenen Standorten liegen die Durchschnittstemperaturen von November bis März aufgrund der bitterkalten Nächte unter den Gefrierpunkt. Aber die Sonne lässt die Temperatur an den meisten Tagen wieder über 0°C klettern. Gelegentlich fällt hier auch Schnee. Doch dieser taut meist nicht, sondern wird von der Luft „weggetrocknet". Die Bodengestalt ist hügelig, zuweilen felsig, durch Winderosion geprägt. Das aus den Gebirgen kommende Wasser hat tiefe Schluchten in den Sand- oder Lehmboden gegraben. Das Klima dieses weiten Graslandes, auch als Prärie bekannt, ist kontinental. Bis Ende Mai gibt es Nachtfröste. Ab April sorgen Niederschläge für eine gute Bodendurchfeuchtung. Doch schon ab Mitte Juni trocknet die erbarmungslos vom Himmel brennende Sonne den Boden aus. Bereits ab Anfang September treten die ersten Fröste auf und ab November herrschen winterliche Temperaturen mit frostigen Nächten und sonnigen Tagen. Ähnliche Verhältnisse findet man am Standort der südlichsten Kakteenvertreter, den Arten von *Maihuenia*. Auf der südchilenischen Kordillere in 1400 m Höhe breitet sich ein umfangreicher Buchen- und Myrten-Laubwald aus. Trotz einer Niederschlagsmenge von über 900 mm jährlich gibt es im Wald große Lichtungen. Es sind Lavafelder des Vulkans Chillan. Hier versickern die Niederschläge so schnell, dass die Bodenfeuchte für Laubgehölze nicht mehr ausreicht. Die Kakteenart *Maihuenia poepiggii* konnte sich hier in großen Polstern ansiedeln. Im Winter werden die Pflanzen von einer dicken Schneedecke vor strengem Frost geschützt.

Für Kakteen in Kultur bedeutet das: Nicht allein der Temperaturverlauf am Heimatstandort ist maßgeblich, ob eine Art bei uns winterhart ist. Ebenso wichtig ist die Verträglichkeit gegenüber der herrschenden Boden- und Luftfeuchtigkeit. So sind bei uns für die Ganzjahreskultur im Steingarten nur die *Opuntia-* und *Cylindropuntia*-Arten der oben beschriebenen Regionen geeignet. Dagegen vertragen Vertreter der winterkalten Regionen von *Escobaria, Coryphantha* und

Auf Lavafeldern der südlichen Andenregion bildet Maihuenia patagonica ausgedehnte Polster.

In klirrend kalten Nächte kondensiert die geringe Luftfeuchtigkeit an den Dornen von Cylindropuntia zu Reif.

EXKURS: Was bedeutet CITES?

In der Heimat vom Aussterben bedrohte Arten werden in zertifizierten Gärtnereien künstlich vermehrt.

Seit den letzten Jahrzehnten haben wir eine dramatische Veränderung der Umwelt und eine allgemeine Globalisierung zu verzeichnen. Bisher unberührte Natur wird durch verkehrsmäßige Erschließung, durch Ausbeutung von Rohstoffen, durch Erweiterung der landwirtschaftlichen Nutzung in großem Umfang zerstört. Damit werden auch zum Teil einzigartige Kakteenstandorte für immer vernichtet. Gleichzeitig steigt die Nachfrage nach exotischen Pflanzen, darunter auch nach seltenen Kakteenarten, auf dem europäischen Markt. Die Verlockung für skrupellose Händler, diese Pflanzen – wie in einem „Selbstbedienungsladen" – dem Wildstandort zu entnehmen, ist groß und wird leider bis heute praktiziert. Dazu kommen zahllose „Kakteenfreunde", die dank verbesserter Verkehrswege und GPS auch zu entlegenen Standorten finden und Pflanzen mit nach Hause nehmen. In der Summe der Touristen stellt das auch schon eine Bedrohung seltener Populationen dar.
Um dieser Entwicklung einen Riegel vorzuschieben, wurde 1973 in Washington die „Convention on International Trade of Endangered Species of Wild Fauna and Flora" unterzeichnet, abgekürzt CITES. Die durch das Übereinkommen zu schützenden Tier- und Pflanzenarten sind je nach ihrer Schutzbedürftigkeit in verschiedene Kategorien eingeteilt. Dabei finden die vom Aussterben bedrohten Arten Aufnahme im Anhang 1 des Washingtoner Artenschutzabkommens (WA). Die Aufnahme und Einstufung der Arten wird in regelmäßigen Abständen aktualisiert. Alle Kakteenarten sind seit Abschluss des WA im Anhang 2 verzeichnet. Darüber hinaus wurden zahlreiche Arten mit einer sehr geringen Verbreitung oder nur kleinen Populationen in den Anhang 1 gestellt. Für diese Arten ist ein grenzüberschreitender Handel und Verkehr generell verboten bzw. bedarf der nur in seltenen Ausnahmefällen erteilten Genehmigung des Ausfuhr- und des Einfuhrlandes. Für „künstlich vermehrte Pflanzen" gelten erleichterte Bestimmungen. Der Herkunftsnachweis muss aber erbracht werden. Die Bundesrepublik Deutschland trat am 20. Juni 1976 dem Washingtoner Artenschutzabkommen bei und erließ zur Umsetzung entsprechende nationale Gesetze.
Diese Bestimmungen, die beim Schutz der Elefanten auf der Jagd nach Elfenbein erfolgreich waren, haben auf die Kakteen – gemessen am Verwaltungsaufwand – nur geringe Auswirkungen. Profitgierige Händler entnehmen unter Missachtung der Gesetze nach wie vor geschützte Wildpflanzen den letzten Standorten und verantwortungslose Kakteensammler kaufen diese Pflanzen.

Echinocereus zwar die in Mitteleuropa auftretenden Frostgrade, nicht aber die damit einhergehende hohe Luft- und Bodenfeuchtigkeit. Entsprechend müssen diese Arten mit Regenschutz überwintert werden. Noch empfindlichere Arten sollten Sie nur bei höheren Temperaturen, also nicht frei ausgepflanzt überwintern. Auch *Maihuenia* ist in unseren Breiten empfindlich bei lang anhaltenden Frostperioden ohne schützende Schneedecke sowie bei häufigem Wechsel zwischen Frost- und Tauwetter.

Kakteen bei Ihnen daheim

Es kommen mehr Kakteen in den Handel, als später von wirklichen Kakteenfreunden gepflegt werden. Viele Kakteen fristen ein kümmerliches Dasein an einem sonnenlosen Platz. Hier kommen sie nie zur Blüte, verlieren ihre schöne Bedornung und ihr natürliches Aussehen. Erst wenn sie von Ungeziefer überzogen oder von Pilzinfektionen heimgesucht werden, kommt die Frage auf, ob man wohl bei der Pflege alles richtig gemacht hat. Informieren Sie sich hier im Vorfeld über die Bedürfnisse Ihrer Pfleglinge!

Die Fensterbrettsammlung

Der hellste und sonnigste Platz in der Wohnung ist für die Kakteen gerade richtig. Und dieser Platz ist das Fensterbrett. Ein Süd-, Südost- oder Südwestfenster ist optimal, auch geeignet ist ein Ost- oder Westfenster. Hier finden die ersten Kakteen der angehenden Sammlung ihren Platz. Meist werden zu den ersten, vielleicht zufällig erworbenen Pflanzen bald gezielt weitere gekauft. Doch schon in diesem Anfangsstadium sollten Sie genau Ihre Wünsche und Möglichkeiten abwägen.

Was Sie beim Kakteenkauf beachten sollten

- Schauen Sie sich vor dem Kauf alle angebotenen Pflanzen genau an, ob sie gesund und frei von Schädlingen sind. Wenn sie mit Gattungs- und Artnamen versehen sind, stammen die Pflanzen sicher vom Fachmann.
- Kann der Verkäufer fachkundig über das Sortiment und die Pflege Auskunft geben, spricht dies auch für die Qualität der angebotenen Kakteen.
- Ein umfangreicheres Angebot erhalten Sie in einer Kakteen-Spezialgärtnerei. Meist kann man bei diesen Betrieben auch auf dem Versandweg bestellen.

Welcher Standort – welcher Kaktus?

→ Steht Ihnen für die Sammlung nur das Fensterbrett zur Verfügung, ist es nicht sinnvoll, groß werdende Kugel- oder Säulenkakteen anzuschaffen – auch wenn sie im gegenwärtigen Stadium recht gut aufs Fensterbrett passen würden.

→ Auch über Ihre eigenen Ambitionen sollten Sie sich im Klaren sein. Was begeistert Sie an den Kakteen? Sind es die Dornen, die Blüten, oder allgemein die raue Ästhetik der Pflanzen?

→ Vielleicht sind Sie mehr botanisch interessiert und Ihnen hat es eine bestimmte Gattung ganz besonders angetan? Viele fortgeschrittene Sammler beschränken sich nur auf spezielle Vertreter einer Region, die sie vielleicht schon einmal bereist haben.

Die Fensterbank erweitern: das Regal

Man kann nicht alles haben, was gefällt – besonders dann nicht, wenn nur ein Fensterbrett als Stellplatz zur Verfügung steht. Schnell ist der vorhandene Platz besetzt und nun wird getüftelt, um noch die eine oder andere Pflanze unterzubringen.

Wenn es der Platz in der Wohnung zulässt, kann man das Fensterbrett verbreitern. Bedenken Sie dabei, dass die Lichtintensität mit dem Quadrat der Entfernung vom Fenster zum Stellplatz der Pflanzen hin abnimmt. Also bleibt die Erweiterung der Stellfläche in der Vertikalen. Ein Fensterregal bietet schon einer beachtlichen Zahl an kleinen Kakteen Platz. Damit auch die Pflanzen auf den hinteren Reihen direktes Sonnenlicht erreicht, soll der Abstand zwischen den einzelnen Böden mindestens doppelt so groß sein wie die Böden tief sind.

Ist das Regal stabil genug, kann man es bei Bedarf samt Pflanzen vom Fensterbrett heben. Das Licht, das den Pflanzen zugute kommt, fehlt natürlich im Zimmer. Das bekommt man besonders in der dunkleren Jahreszeit zu spüren.

Der gemeinsame Untersetzer

Im Interesse einer rationellen Wasserversorgung der Kakteentöpfchen ist es sinnvoll, sie auf einen gemeinsamen Untersetzer zu platzieren. Versierte Heimwerker bauen genau auf die Abmessungen des Regals abgestimmte Behältnisse selbst. Die Umrandung

Kakteenfreunde unter sich

Ein umfassendes Angebot an Kakteen finden Sie bei Kakteenbörsen. Meist werden zu solchen Veranstaltungen zusätzlich interessante Vorträge angeboten. Ein entscheidender Vorteil ist hier, dass Sie beim Kauf mit den Fachleuten sprechen und deren spezielle Pflegetipps erfahren können.

sollte annähernd die Höhe der kleinsten Töpfe der Sammlung haben. Auf einen Untersetzer stellen Sie nur Kakteen mit ähnlichen Pflegeansprüchen zusammen. Unter dieser Voraussetzung können Sie während der Wachstumszeit den Untersetzer auch mal „fluten". Nicht aufgenommenes Wasser muss später aus dem Untersetzer entfernt werden. Dazu hängen Sie einen saugfähigen tropfnassen Stoffstreifen mit dem einen Ende in den Untersetzer, das andere Ende über den Rand in ein tiefer stehendes Gefäß.

Ein Pflanzenregal am Fenster vergrößert die Stellfläche um ein Vielfaches.

Die Pflanzschale

Sind Sie mit der Kakteenkultur schon etwas vertraut, können Sie Ihre Kakteen statt einzeln in Töpfen auch gemeinsam in eine passende Schale oder einen Balkonkasten pflanzen.

Vorteile:

→ platzsparend

→ größerer Wurzelraum (besonders günstig für Arten mit Rübenwurzeln)

→ gleichmäßigere Wasser- und Nährstoffversorgung

Nachteile:

→ Krankheiten und Schädlinge können sich wesentlich schneller ausbreiten

→ eine einzelne Pflanze lässt sich schlecht herausnehmen.

Insgesamt überwiegen aber die Vorteile und man wird sich häufig für die Verwendung einer Pflanzschale entscheiden. Beachten Sie, dass Sie nur Pflanzen mit gleichen Pflegeansprüchen zusammenpflanzen. Für Kakteen, die Rübenwurzeln ausbilden (z.B. *Lobivia, Mediolobivia, Ariocarpus, Lophophora*, bestimmte *Mammillaria* und *Gymnocalycium*) sollten die Pflanzkästen 10 cm Wandhöhe besitzen. Ausgesprochene Flachwurzler, wie die Mehrzahl der *Mammillaria, Echinocactus, Ferocactus* oder *Melocactus*, möchten mit ihren Nachbarn nicht auf Tuchfühlung stehen, hier sollten Sie genügend Pflanzabstand einhalten.

„Sommerurlaub“ für Ihre Kakteen

Vor dem Fenster gedeihen Kakteen im Sommer richtig gut.

Für Ihre Kakteen ist die „Sommerfrische“ ganz wichtig: Sie kommen in den Genuss der Sonnenstrahlung, ohne dass die Glasfenster die wichtigsten Wellenbereiche des Lichtes herausfiltern. Der Wind streicht durch die Dornen und in den frischen Morgenstunden bildet sich Tau, der in der Kakteenheimat oft über Monate die einzige Feuchtigkeitsquelle für die Pflanzen darstellt. Natürlich gibt es auch Ausnahmen, zum Beispiel die Arten von Standorten ohne ausgeprägte Trockenzeit sind den Sommer über besser im geschützten Raum aufgehoben. Wie Sie die Sommerfrische für Ihre Pflanzen gestalten, hängt ganz von den Gegebenheiten und Ihrer Phantasie ab. Haben Sie auch im Sommer ausschließlich Fenster als Kulturraum zur Verfügung, so machen Sie es wie die „Fensterbrettsammler“, die durch gekonnte Auswahl passender Arten auch gute Erfolge bei der Kakteenkultur erzielen.

Fenstervorbau von außen

Als einfachste Variante kann man das äußere Fensterbrett so verbreitern und mit einer Umrandung versehen, dass möglichst alle sonnenhungrigen Pflanzen darauf Platz finden. Die Umrandung muss sicherstellen, dass auch bei starkem Wind keine Pflanze „über Bord“ geht. Ist die Umrandung höher als die Pflanzen, können diese mit einem passenden Fenster bei ungünstiger Witterung abgedeckt werden. Die Fenster oder Glasscheiben müssen ebenfalls sturmsicher verankert sein. Vorteilhaft ist solch eine Abdeckung bei Regenwetter im Herbst, wenn die Pflanzen in Vorbereitung auf die Winterruhe trocken bleiben sollen. Auch vor Dauerregen im Sommer kann das Glasdach die Pflanzen schützen. Für die restliche Zeit sollte es in Bereitschaft stehen.

Regal vor dem Außenfenster

Ist eine hinreichende Vergrößerung des Fenstersimses nicht möglich, bietet das Fensterregal eine Alternative. Findige Bastler bauen das Regal so, dass es sowohl vor als auch hinter dem Fenster einsetzbar ist. Auch hier müssen alle Pflanzen und Gegenstände bei starkem Wind vor dem Herabstürzen gesichert sein. Beim Umräumen vor das Fenster und zurück ist darauf zu achten, dass die Ausrichtung der Pflanze nach Süden unverändert bleibt.

Mit dem Ausräumen im Frühjahr warten Sie in der Regel bis Mitte Mai. Kühl überwinterte Hochgebirgskakteen können unter Umständen auch schon im April vors Fenster. In jedem Fall warten Sie eine trübe Witterungsperiode ab, damit die der Sonne entwöhnten Pflanzen keinen Sonnenbrand bekommen.

Die Pflege im Sommer

Haben Sie eine Abdeckung über den Pflanzen, hält diese wirksam Regen ab. Aber bei Sonnenschein heizt sich der schmale Luftraum zwischen Pflanzen und Glas schnell auf, sofern nicht für die notwendige Luftzirkulation gesorgt wird.
Im Sommer sind die natürlichen Niederschläge für die Wasserversorgung meist schon ausreichend. Wenn Sie wegen anhaltender Trockenheit gießen müssen, warten Sie auf einen trüben Tag. Lieber verschieben Sie das Gießen, statt die sonnendurchwärmten Kakteen mit kaltem Wasser zu erschrecken. In der Kakteenheimat regnet es auch nicht, wenn die Sonne scheint! Wichtiger ist es dagegen, die Pflanzen bei anhaltendem Regen und kaltem Wetter vor zu viel Feuchtigkeit zu schützen. Bei Pflanzen im Regal müssen Sie für die Wasserversorgung sorgen.

Das Ende der Sommerfrische

Vor dem ersten strengen Frost sollten die Kakteen im Winterquartier sein. Anders als im Frühjahr sind jetzt die Kakteen durch Sonne und Wind abgehärtet. so dass sehr viele Arten Temperaturen in der zweiten Nachthälfte auch unter dem Gefrierpunkt ohne Schaden vertragen. Eine Kalidüngung vor der Winterruhe trägt zur Festigung der Zellen bei. Wenn die Wetterlage am Tag sonniges Wetter beschert, gönnen Sie Ihren Kakteen die letzten schönen Tage vor der Winterruhe. Auch wenn es eine Gratwanderung ist, werden Sie staunen, wie Ihr Mut zum Risiko im kommenden Jahr durch reichen Blütenansatz belohnt wird.

Wohin mit den Kakteen im Winter?

Im Winter ist weniger das Licht als vielmehr die Temperatur für das Wohlbefinden der Kakteen ausschlaggebend. Die meisten Kakteen halten einen „Winterschlaf" und brauchen es dazu nicht so warm wie Sie in der Wohnung.
Das eröffnet Ihnen folgende Möglichkeiten:
→ Sie spezialisieren sich auf Arten, die eine warme Überwinterung zumindest tolerieren oder diese wünschen (siehe Porträts ab Seite 56).
→ Sie quartieren die Pflanzen in einem kühleren Raum Ihrer Wohnung ein. Hier bietet sich meist das Schlafzimmer an. Während der kalten Jahreszeit ist es nicht zwingend notwendig, dass die Pflanzen am Fenster stehen. Auf dem Schrank oder in einem eigens für die Kakteen aufgestellten Regal sind die Pflanzen auch gut aufgehoben. Geeignet für die Überwinterung ist auch jeder andere temperierte Raum wie das Gästezimmer, Treppenhaus, ja sogar der gut belüftete Kellerraum.
→ Sind die Pflanzen am Südfenster der Wohnstube in einem Regal am Fenster untergebracht, kann man es mit einer Folie oder Glasscheiben zum Wohnraum hin abdichten und bekommt so einen Raum mit niedrigeren Temperaturen als im übrigen Zimmer. Beachten muss man allerdings, dass sich mit höherem Sonnenstand im Frühjahr der schmale Luftraum auch sehr schnell stark aufheizen kann.
→ Im einfachsten Fall baut man auf die erstaunliche Anpassungsfähigkeit der Kakteen und stellt sie so nah ans Fenster, wie es eben möglich ist. Bei strikter Einhaltung der winterlichen Gießpause wird man mit vielen Arten so verfahren können.

Faustregel fürs Gießen

Gießen Sie während der Wachstumszeit einmal in der Woche kräftig. Bei sonniger, heißer Hochdruckwetterlage sollten Sie die Wassergaben aussetzen. Besser ist es allerdings, nach dem Feuchtigkeitsgehalt des Wurzelballens zu entscheiden, wann die nächste Wassergabe fällig ist. Zum Herbst hin werden die Pausen zwischen den Wassergaben immer länger bemessen.

Der sonnenheiße Balkon

Sie haben einen Balkon? Hier können Sie Ihren Kakteen einen optimalen Sommerplatz bieten. Nicht nur zahlenmäßig können Sie natürlich auf einem Balkon mehr Pflanzen unterbringen als auf der Fensterbank. Hier ist es auch möglich, etwas größer werdende Pflanzen zu kultivieren. Zunächst denken Sie sicher an Balkonkästen. Gewiss kann man auch diese sehr schön mit Kakteen dekorieren. Aufrecht wachsende Säulenkakteen, verzweigte *Opuntia* und schön bedornte Kugelkakteen sind eine gute Kombination, ergänzt durch einige herabhängende Arten von *Aporocactus* und *Rhipsalis* und dazu passend andere Sukkulenten.
Sie werden staunen, wie gut sich die Pflanzen im Laufe des Sommers entwickeln. Nur: Wo überwintern Sie die Kästen? Wenn Sie dafür eine Lösung finden, können Sie sicher sein, dass Ihre Balkonkastenbepflanzung in der Gunst der Passanten auch die schönsten Pelargonienkästen aussticht!
Meistens werden jedoch kleine, wertvolle Pflänzchen ohne jede „Fernwirkung" gesammelt. Sie finden besser auf einem Tisch an der Hauswand Platz. Hat der Tisch eine Umrandung, können die Töpfchen in Sand eingefüttert werden, sofern die Pflanzen nicht ohnehin schon in Schalen gepflanzt sind. Sicher wollen Sie selbst auch noch Platz auf Ihrem Balkon haben. Deshalb kann man die Kakteenabteilung nicht beliebig ausweiten. Zur Vergrößerung der Stellfläche ist ein treppenförmiger Aufbau bestens geeignet. Weniger sonnenhungrige Exemplare finden dann in den hinteren Reihen unter den Treppenstufen einen geeigneten Platz. Sie können auch die ganze Breite der Balkonwand mit Regalbrettern versehen, auf denen die Kakteen dann aufgestellt werden.

Der Balkon als Ganzjahresquartier

Mit etwas Geschick können Sie Ihren Balkon auch als idealen Überwinterungsraum für Ihre Kakteen nutzbar machen. Im gut sortierten Fachhandel werden Bausätze für Gewächshäuser angeboten, mit deren Hilfe der Balkon in eine Art verglaste Veranda umgestaltet werden kann. Ist diese einschließlich Fußboden und Decke gut isoliert, reicht es meist schon aus, die Tür oder das Fenster zum Wohnraum über Nacht offen stehen zu lassen, um den umbauten Balkon frostfrei zu halten. Notfalls schützt eine über Thermostat gesteuerte elektrische Heizung bei extremer Kälte vor Frostschäden.
Sobald die Sonne scheint, wird es durch den Treibhauseffekt schnell mal ungemütlich warm in der „Veranda".

Gern teilt der Kakteenfreund den Balkon mit seinen Pfleglingen.

Deshalb muss unbedingt eine wirksame Belüftung vorgesehen sein. Die Verbindung zum Zimmer ist keinesfalls ausreichend! Es gibt unterschiedliche Gründe, weshalb solche baulichen Veränderungen nicht möglich oder nicht statthaft sein können. Die rechtlichen Fragen sollten Sie in jedem Fall abklären, bevor Sie einen solchen Ausbau planen und ausführen.
Doch auch mit weit weniger Aufwand können Sie eine ganzjährige Bleibe für Ihre Kakteen schaffen. Sofern sich der Stellplatz für Ihre Kakteen auf dem Balkon vor einem Fenster zur Wohnung befindet, bringen Sie für den Winter eine schräge Verglasung – einschließlich der Seitendreiecke – von Oberkante Fenster bis Vorderkante Stellplatz an. Dieser separate Luftraum kann durch Öffnen des Fensters zur Wohnung temperiert gehalten werden. Zur Isolierung der Stellfläche eignen sich Schaumstoffplatten. Für die obere Überbauung sind Doppelstegplatten bestens geeignet. Sie sind leicht, lassen sich sägen und bohren und bewirken eine bessere Wärmeisolierung als Glas. Die Dachfläche sollten Sie so konstruieren, dass sie für die frostfreie Jahreszeit entfernt werden kann.

Der Frühbeetkasten

Ein Stückchen Garten, in dem Sie einen Frühbeetkasten aufstellen können, erweitert Ihre Möglichkeiten der erfolgreichen Kakteenkultur erheblich. Hier sind die Kulturbedingungen für viele Kakteenarten geradezu optimal. Durch Auf- oder Abdecken der Fenster, durch Lüften oder Schattieren kann man sehr gut die Ansprüche der Pflanzen mit der jeweiligen Wettersituation in Einklang bringen. Innerhalb der Umrandung des Kastens entsteht ein günstiges Kleinklima. Die direkte Verbindung zum gewachsenen Boden sorgt für eine kontinuierliche Wasserversorgung, besonders bei direktem Auspflanzen der Kakteen. Dicht am Boden kommt es zur Taubildung, die auf dem Balkon oder Fensterbrett so nie möglich ist. Erstaunlich, welchen jährlichen Zuwachs Kakteen unter solchen Bedingungen entwickeln!

Frühbeetkasten im Eigenbau

Auch wenn es Frühbeetkästen fertig zu kaufen gibt, bei „Marke Eigenbau“ können Sie ihn Ihren Gegebenheiten und Ansprüchen am besten anpassen. Und so gehen Sie vor:

→ Zunächst suchen Sie im Garten eine ganztags sonnenbeschienene Fläche. Eine nach Süden ausgerichtete Mauer kann als Rückwand für einen Frühbeetkasten dienen. Sie strahlt die am Tag aufgenommene Wärme in der Nacht wieder ab. Außerdem schützt sie vor kalten Nordwinden. Nachteilig ist, dass man nicht von allen Seiten am Kasten arbeiten kann.

→ Eine gute „Verkehrsanbindung“ des Frühbeetkastens ist notwendig. Selbst bei schlechtem Wetter möchte man trockenen Fußes zum Frühbeet gelangen. Ein Platz zum Ablegen der Frühbeetfenster sollte neben dem Frühbeet vorhanden sein. Bei den zu planenden Abmessungen ist das Normmaß 1,50 m für die Abdeckfenster zu berücksichtigen. Um den Wasserablauf zu sichern, wird die Rückwand etwas höher gebaut als die vordere Südwand. 5 % Gefälle sind ausreichend, das entspricht bei einem 1,50 m hohen Fenster 7,5 cm Höhendifferenz. Wollen Sie größere Säulenkakteen unterbringen, sollten Sie die Rückwand deutlich erhöhen. Die Vorderwand soll dagegen möglichst niedrig bleiben, weil sie Schatten auf die Pflanzen wirft. Wird die Rückwand um 50 cm höher als die Vorderwand gebaut, liegen die Fenster steiler und die Kastenbreite ist um etwa 10 cm zu verringern.

Kakteenpflege im Frühjahr

→ Kühl und trocken überwinterte Kakteen können schon im April ins Frühbeet. Bei Spätfrostgefahr die Fenster mit Strohdecken, Noppenfolie oder Ähnlichem zusätzlich isolieren.

→ Bei intensivem Sonnenschein unbedingt schattieren! Die Pflanzen sind nach dem Winter selbst bei hellem Stand der Sonne entwöhnt.

→ Die Frühjahrssonne heizt schnell den kleinen Luftraum unter dem Glas auf, deshalb rechtzeitig lüften (z. B. Holzklotz einklemmen); in der Regel an der hohen Frühbeetwand oder an der dem Wind abgewandten Seite.

→ Später bei sonnengewöhnten Pflanzen die Fenster bei gutem Wetter zunächst nur tagsüber, später auch über Nacht abnehmen.

→ Als Baumaterial für die Umrandung wurden wegen der guten Wärmedämmung früher gern Holzbohlen verarbeitet. Sie müssen mit einem Anstrich gegen Verrotten geschützt werden. Die Wände können aber auch gemauert oder aus Beton- oder Schaumstoffplatten gefertigt werden.

→ Wo zwei Fenster aneinander stoßen, wird ein Steg von Vorder- zur Rückwand eingepasst. Er dichtet den Spalt zwischen den Fenstern ab und man kann sich bei abgenommenen Fenstern auf ihm abstützen, um in der Mitte zu hantieren. Er muss deshalb stabil genug sein.

→ Können Sie nicht zufällig gebrauchte Frühbeetfenster auftreiben, lassen sich die Rahmen leicht aus gehobelten Dachlatten anfertigen. Für „Holländerfenster“ ist das genormte Scheibenmaß 1,43 × 0,73 m.

→ Das Erdreich innerhalb des Kastens wird etwa einen Spatenstich tief ausgehoben und entfernt. Damit bekommt man den Kasten weitestgehend unkrautfrei. Zum Einfüttern der Töpfe wird am besten nicht zu grober Sand in das Frühbeet eingebracht. Nun können die Kakteen Einzug halten.

Das Gewächshaus

Die kostengünstigere Folienvariante lässt mehr für die Pflanze wichtiges UV-Licht durch als Glas.

Im Vergleich mit einem Frühbeet macht ein Gewächshaus weniger Arbeit bei der Kakteenkultur. Es gibt Möglichkeiten der automatischen Klimasteuerung. Besitzer kalter Gewächshäuser müssen sich mit einer Nutzung nur während der frostfreien Zeit begnügen. Erst wenn das Gewächshaus beheizbar ist, kann damit das Überwinterungsproblem gelöst werden. Dann finden alle Pflanzen auch aus dem Frühbeet im Gewächshaus ein Winterquartier. Schwierig zu kultivierende Arten und Exemplare, die wegen ihrer Größe nur noch schwer zu transportieren sind, haben dagegen ganzjährig ihren Platz im Gewächshaus.

Vorüberlegungen

Bevor Sie große Pläne schmieden, klären Sie besser erst, ob und in welchem Umfang Sie bauen dürfen. Ist dies gemäß Ihrer Vorstellungen geklärt, ist zu überlegen, wo das Gewächshaus errichtet wird. Ein Anbau an das Wohnhaus bringt folgende Pluspunkte:

→ Es ist vom Wohnhaus direkt erreichbar, was Sie später bei schlechtem Wetter oder im Winter besonders schätzen werden.

→ Möglicherweise kann man die Heizung des Hauses mitnutzen und durch die verringerte Außenfläche Heizenergie sparen.

→ Für die Installation von Wasser und Strom sind nur kurze Zuleitungen nötig.

Der vorgesehene Standplatz für ein Gewächshaus sollte keinesfalls im Schatten großer Bäume oder anderer Gebäude liegen. Auch heranwachsende Bäume sind zu berücksichtigen. Dann ist die Entscheidung zu fällen, ob ein Fertighaus aufgestellt werden soll oder ob Sie die Planung und Ausführung selbst in die Hand nehmen. Einerseits nutzen Sie die Erfahrung versierter Gewächshausbauer, andererseits kann es sein, dass aus Kostengründen zweitklassige Lösungen angeboten werden. Deshalb sind Besichtigungen von Referenzbauten oder das Urteil eines Gewächshausbesitzers bei der Planung sehr hilfreich. Entschließen Sie sich, den Entwurf und Bauausführung Ihres zukünftigen Gewächshauses selbst in die Hand zu nehmen, können Sie das natürlich besser auf Ihre individuellen Wünsche und Möglichkeiten abstimmen. Einen Preisvorteil müssen Sie nicht in jedem Fall erwarten.

Gewächshaustypen

Nach der Dachform kann man Gewächshäuser mit Pultdach und mit Satteldach unterscheiden. Für eine optimale Sonneneinstrahlung sollten Pultdachhäuser in Ost-West-Richtung und Satteldachhäuser in Nord-Süd-Richtung stehen. Infolge der Dachneigung treffen die Sonnenstrahlen um die Mittagszeit mehr oder weniger senkrecht auf die Glasfläche eines Pultdaches und werden nur wenig reflektiert. Das Gewächshaus wird sich stark aufheizen, was den Kakteen durchaus willkommen sein kann. In den Heimatgebieten sind ebenso starke Temperaturgegensätze zwischen Tag und Nacht zu verzeichnen. In der Regel ist das Pultdach an eine senkrechte Mauer (Hauswand) angelehnt. Durch die Sonneneinstrahlung erwärmt sich diese tagsüber und gibt nachts die Wärme wieder ab. Für die Wärmebilanz im Winter ist das vorteilhaft. Für sonnenhungrige Kakteen ist ein Gewächshaus mit Pultdach sehr gut geeignet. Für epiphytische Kakteen und andere Grünpflanzen ist ein Gewächshaus mit Satteldach jedoch günstiger.

Auf einen Blick Vor- und Nachteile verschiedener Materialien

Material	Vorteile	Nachteile
Glas	hoher Lichtdurchgang altert so gut wie nicht	geringe Durchlässigkeit für UV-Strahlung hoher Preis (durchschnittlich 6,- €/m²) schlechte Wärmedämmung (abhängig von verwendeter Glasqualität)
PVC-Doppelsteg-platten	bessere Isolierwirkung, aufgrund der Luftkanäle höherer Wärmedämmwert leichter als Glas gut zu verarbeiten (sägen, bohren, schrauben) im Neuzustand durchscheinend und fast so lichtdurchlässig wie Glas durchlässiger gegenüber UV-Strahlung als Glas	Alterungsprozess bewirkt abnehmende Lichtdurchlässigkeit Stabilität nimmt ab aufgrund der elektrostatischen Aufladung verschmutzen sie stärker als Glas teurer als Glas, werden besonders bei Fertiggewächshäusern eingesetzt
aufgeblasene Doppelfolie	zwei UV-stabilisierte Folien liegen in speziellem Profil, so dass der Innenraum luftdicht verschlossen ist. mittlere Haltbarkeitsdauer (5 Jahre Herstellergarantie), real ca. 6 bis 8 Jahre haltbar	kleiner Lüftermotor nötig, der Luft in den Zwischenraum bläst, mit 200,- €, relativ teuer für kleine Gewächshäuser stabile Stehwandpfetten nötig, da die Folie einen nicht zu unterschätzenden Zug entwickelt
Noppenfolie mit eingeschlossenen Luftpolstern	gut zu verarbeiten (Schienen- bzw. Holz- oder Metallleistenbefestigung) Wärmedämmung ist wesentlich besser als bei Glas lange Haltbarkeit (10 Jahre Herstellergarantie), meist 15 Jahre haltbar	Folienpreis liegt ähnlich hoch wie bei Glas

Die Gewächshausheizung

Das Gewächshaus erfüllt für den Kakteenfreund erst dann seinen Zweck, wenn es im Winter wenigstens frostfrei gehalten werden kann. Die notwendige Heizleistung kann man mit folgender Formel berechnen:

Außenfläche [m²] × Temperaturdifferenz [°C] × k-Wert der Bedachung = Heizleistung [kW]

Dabei gilt:

→ Die Außenflächen werden in Quadratmeter [m²] durch Addition aller Dach-, Giebel- und Stehwandflächen ermittelt. Der Wärmeverlust durch gemauerte Außenwände wird üblicherweise vernachlässigt.

→ Die Temperaturdifferenz wird in °C gemessen und ist die Differenz zwischen der zu haltenden Temperatur im Gewächshaus und einem standardisierten Minimum. Es liegt in Deutschland je nach Höhenlage und Klima zwischen −12 und −18°C. Als Durchschnittswert wurden hier −15°C angenommen.

→ Der k-Wert schließlich gibt den Wärmedurchgang durch ein Material an, den man im Gewächshaus als Wärmeverlust registriert und durch die Heizung auszugleichen versucht. Der k-Wert für Einfachglas wird mit 6, für aufgeblasene Doppelfolie mit 3,4, für Noppenfolie oder eine 8-mm-Doppelstegplatte mit 3,3 und für Isolierglas mit 1,9 angegeben.

Nach dieser Formel wurde die notwendige Heizleistung für unterschiedliche Varianten eines Gewächshauses von 3 m × 6 m Grundfläche berechnet.

Als freistehendes Satteldachhaus mit 1,50 m Stehwand und Dachneigung von 30°

bei min. Innentemperatur	mit Glaseindeckung	mit 8 mm Doppelstegplatte
von 0°C	4500 kW	2475 kW
von 5°C	6000 kW	3300 kW
von 10°C	7500 kW	4125 kW

Als angebautes Pultdachhaus mit 0,30 m Stehwand, etwa 1 m tief in die Erde gebaut

bei min. Innentemperatur	mit Glaseindeckung	mit 8 mm Doppelstegplatte
von 0°C	2700 kW	1485 kW
von 5°C	3600 kW	1980 kW
von 10°C	4500 kW	2475 kW

Gut zu regeln, aber teuer ist eine **elektrische Heizung**. Ist sie mit Gebläse ausgestattet, wird für gleichmäßige Wärmeverteilung im Haus gesorgt. Achten Sie unbedingt darauf, dass die elektrischen Zuleitungen und Sicherungen entsprechend der Leistungsaufnahme der Heizung ausgelegt sind. Sonst kann es passieren, dass in einer kalten Winternacht die Sicherung durchbrennt und die Heizung damit ganz ausfällt.

Preiswerter im Betrieb, aber teurer in der Anschaffung ist eine **Gasheizung**. Es gibt Heizgeräte mit Regelung, die selbständig zünden und ausschalten. Die Abgase enthalten viel Wasserdampf und sollten auf jeden Fall über einen Wärmetauscher ins Freie geleitet werden. Durch Abkühlung der Verbrennungsgase unter den Taupunkt kann man die Kondensationswärme auch noch nutzbar machen (Brennwerttechnik). Dazu ist aber ein erheblicher technischer Aufwand nötig. Preisgünstiger als Flüssiggas ist natürlich **Heizöl**, aber ein Ölbrenner ist teuer. Außerdem müssen bestimmte Auflagen berücksichtigt werden.

Wärmeverluste reduzieren

Die Beheizung eines Gewächshauses ist immer auch eine Kostenfrage. Außerdem sind alle Möglichkeiten der Energieeinsparung aus ökologischen Gesichtspunkten zu nutzen. „Einsparungspotenziale" ergeben sich durch folgende Maßnahmen:

■ **Sinnvolle Auswahl der zu überwinternden Arten**

Die wärmebedürftigen Arten von *Melocactus*, *Discocactus* und *Uebelmannia* können Sie mit gutem Erfolg in Ihrer Wohnung überwintern. Die Temperaturansprüche sind Ihren eigenen ähnlich und die Pflanzen werden sich in Ihrer Nähe sehr wohl fühlen. Zur Überwinterung im Gewächshaus sollten vorrangig die Arten stehen, die niedrige Temperaturen wünschen. Für größere Sammlungen lohnt sich die Unterteilung in eine wärmere (8 – 12°C) und eine kältere (0 – 5°C) Abteilung.

■ **Ausnutzen der maximalen beheizten Fläche**

Unter den Tischen sind Stellflächen, zusätzliche Hängebretter sind leicht zu montieren. Mit einer flexiblen Einstellung der Minimaltemperatur können Sie ebenfalls sparen. Sind die Kakteen erst in Winterruhe, werden die Temperaturansprüche wesentlich geringer als kurz nach dem Einräumen.

Zur Überwinterung werden zusätzliche Stellflächen auf Hängevorrichtungen und unter den Tischen im Gewächshaus genutzt.

Dabei sind die Dauer niedriger Temperaturen und vor allen die Konstitution der Pflanzen von entscheidender Bedeutung. Kurzzeitige Nachttemperaturen auch unter 0°C vertragen viele Arten, sofern sich das Gewächshaus tagsüber durch den Sonnenschein wieder aufheizt. Experimentieren und Beobachten sind hier wichtig.

■ **Nachträgliche temporäre Isolierung der Außenhaut**

Das Einziehen einer Innenfolie vor dem Einräumen der Kakteen hat dann Sinn, wenn sie möglichst luftdicht abschließt. Einzelne Folienbahnen werden mit einer Heftzange verbunden. Für Stehwände und Dächer aus Glas gibt es Noppenfolie mit guter Wärmedämmung. Sie wird in der Regel außen mit eigens dafür entwickelten Klebeelementen angebracht. Damit die Folie auch bei Sturm nicht abgerissen wird, rechnet man pro Quadratmeter mit einem auf das Glas geklebten Haltepunkt.

Weniger Arbeit hat man natürlich, wenn man von vornherein durch bauliche Maßnahmen für geringe Wärmeverluste gesorgt hat:

→ Ein in die Erde gebautes oder an ein Gemäuer angelehntes Gewächshaus benötigt weniger Energie als ein freistehendes. Das Bedachungsmaterial sollte einen möglichst geringen k-Wert haben (siehe Tabellen links).

→ Metallsprossen sollten innen liegen und nach außen isoliert sein, da sie sonst eine „Kältebrücke" bilden und die Wärme aus dem Gewächshaus nach außen ableiten. Außerdem kondensiert an den kalten Innenflächen die Feuchtigkeit, die zu unangenehmen Tropfstellen führt.

→ Selbstverständlich muss die Außenhaut eines Gewächshauses weitestgehend luftdicht sein. Besonderes Augenmerk ist dabei auf alle Lüftungsfenster und Türen zu legen, aber auch die Glasstöße, Winkel und Ecken können verdeckte „Zuglöcher" verbergen.

Der Wintergarten

Wenn das Gewächshaus mehr oder weniger in den Wohnraum integriert ist, spricht man von einem Wintergarten. Ist er sehr sonnig und ohne Schatten, gedeihen in ihm Kakteen meist besser als andere Grün- und Kübelpflanzen. Bei der Auswahl der passenden Kakteen spielen eher gestalterische Gesichtspunkte eine Rolle. Meist werden schon große, repräsentative Exemplare angeschafft. Achten Sie darauf, dass Sie nur solche Arten kaufen, die mit den Gegebenheiten in Ihrem Wintergarten zurechtkommen. Weiß behaarte oder blau bereifte Säulenkakteen vertragen jede Menge Sonne und Wärme. Einige verschieden große Kugelkakteen, die ihre Heimat in Mexiko haben, bilden mit ihnen zusammen eine dekorative Gruppe.

Kakteen für den Wintergarten

In einem beheizbaren Wintergarten gedeihen alle Kakteenarten aus den gleichmäßig warmen Standorten ohne ausgeprägte Trockenzeit, wie sie in Ostbrasilien oder in Mittelamerika zu finden sind. Außerdem viele Arten der weiten Ebenen und Hügel, wie sie für Standorte in Südamerika und Mexiko beschrieben wurden, wenn die winterliche Trockenruhe eingehalten wird. Schwierigkeiten verursachen wegen der fehlenden kühlen Überwinterung diejenigen Arten, die aus Hochgebirgslagen stammen.

An einer weniger sonnigen Stelle können imposante Ampeln oder ein Epiphytenstamm mit hängenden Kakteen, etwa *Aporocactus* und *Rhipsalis*, den Wintergarten schmücken. Ein Spalier an der Wand des Wintergartens bietet die beste Entwicklungsmöglichkeit für die „Königin der Nacht". Mit den bis zu Kuchenteller großen, nach Vanille duftenden Blüten können Sie Ihre Gäste zum Sommerfest überraschen. Damit das gelingt, dürfen die Pflanzen nie „kalte Füße" bekommen. Diese Gefahr besteht beim Auspflanzen in einen in den Boden eingelassenen Behälter. Günstiger ist ein Bankbeet, das nicht unmittelbar Kontakt mit dem Fußboden hat. Ein jährlicher Rückschnitt der ausgewachsenen Epikakteen fördert den Knospenansatz. Ebenso wirkt sich das Waagerechtleiten der Triebe blühfördernd aus.

Wichtiges zur Gestaltung Ihres Wintergartens

→ Eine wirkliche Kakteenlandschaft lässt sich nicht nachgestalten. Dazu fehlt es an der Weite! Man kann aber die Kakteen so anordnen, dass der Eindruck eines natürlich gewachsenen Standortes entsteht.

→ Damit die Pflanzen zur Wirkung kommen, bedarf es entsprechender Zwischenräume.

→ Steine sind eine wichtige Ergänzung zur Bepflanzung. Sie können teilweise die Zwischenräume ausfüllen. Große Steine sollten gesetzt werden, bevor man die Bepflanzung vornimmt. An Böschungen platziert, verhindern sie das Abrutschen der Erde. Lässt man nur einen Teil des Steines aus der Erde schauen, entsteht der Eindruck eines hervorstehenden Felsens. Aufrecht gestellte Steine wirken unnatürlich. Vermeiden Sie unterschiedliche Gesteinsarten!

→ Die höchste Pflanze muss außerhalb der Mitte stehen, etwa zwei Drittel vom nächsten Rand entfernt. Die Silhouette einer Bepflanzung soll sich auf und ab bewegen und an einem Rand nochmals ansteigen.

→ Setzen Sie Pflanzen in unterschiedlichen Gruppen zusammen! Zum Beispiel zwei verschiedene Wuchsformen (Kugel- und Säulenkaktus) oder drei bzw. fünf gleichartige Kakteen unterschiedlicher Größe. Imposante Vertreter sollten wirklich einzeln stehen.

→ Wählen Sie die Abstände zwischen den Gruppen unterschiedlich und deutlich größer als innerhalb der Gruppe. Vermeiden Sie gerade Reihen!

→ Optische Tiefe erzielen Sie, wenn vorn große Pflanzen und nach hinten immer kleinere Pflanzen stehen. Auch die Abstände sollen vorn groß und nach hinten kleiner werden.

→ Wichtig ist, dass große Säulen senkrecht stehen. Dagegen können am Fuße großer Pflanzen stehende oder aus einem „Felsspalt" wachsende Kugelkakteen den Scheitel geneigt haben.

→ Topfränder und Wurzelballen verstecken Sie hinter „Steinwänden" oder unter Erde und Sand. Etiketten stören das „Landschaftsbild". Man kann sie durch unauffällige Schildchen mit Nummern ersetzen. Die Namen schreibt man dann auf eine Liste. Auch die Beschriftung auf durchsichtige Plastikstreifen ist praktisch. Oder Sie skizzieren einen Pflanzplan, in den Sie die Kakteennamen eintragen.

In einem Wintergarten bieten sich mannigfaltige Möglichkeiten, Kakteen attraktiv und gleichzeitig gemäß ihrer Standortansprüche unterzubringen.

Der Kakteengarten

Kakteen ganzjährig unter freiem Himmel zu kultivieren, ist der Traum vieler Kakteenfreunde. Es gibt tatsächlich winterharte Kakteen, die ohne weiteren Schutz Sommer wie Winter gedeihen.

Kriterien für die Anlage eines Kakteengartens

Bei der Anlage Ihres Kakteengartens ist zunächst die geografische Lage zu berücksichtigen. Nicht alle Orte in Deutschland bieten gleiche Voraussetzungen. Wintermilde Weinbaugegenden sind am besten geeignet, ebenso Gebiete, in denen Walnussbäume gedeihen. Bei Standorten, die über 500 m ü. NN liegen und wo reichliche Niederschläge im Herbst auftreten, muss man Folgendes besonders berücksichtigen:

→ Der vorgesehene Platz sollte den ganzen Tag ungehinderten Sonneneinfall haben. Sehr günstig wirkt sich eine Ziegelwand im Norden des Beetes aus. Sie schützt vor kalten Nordwinden und speichert am Tag die Sonnenwärme, um sie nachts wieder abzugeben.
→ Ebenso vorteilhaft ist es, wenn die südexponierte Fläche leicht geneigt ist, damit die Sonnenstrahlen senkrecht auf den Boden treffen. Allerdings sollte die Neigung nicht mehr als 30° betragen, da sonst die Gefahr der Erosion beim Wässern oder bei starken Regenfällen besteht.
→ Nicht nur aus Gründen einer wirkungsvollen Gestaltung sollten Sie Steine in verschiedenen Größen in das Beet mit einbauen. So kann man das Abschwämmen der Erde weitestgehend verhindern. Die Steine speichern die Wärme am Tag, um sie in der Nacht

wieder abzugeben. Außerdem hält sich unter ihnen die Feuchtigkeit und steht für die Pflanzen länger zur Verfügung.

→ Durch sinnvoll gesetzte Steine entstehen Terrassen mit gut zu bepflanzenden Beeten.

Ausgewählte Arten vertragen Frost und Schnee.

Einen Kakteengarten anlegen Schritt für Schritt

→ Damit Ihre „winterharten" Kakteen gut durch den Winter kommen, brauchen sie eine Dränageschicht von mindestens 30 cm Schotter.

→ Die geplante Oberflächengestalt sollte grob vorgeformt werden. Große Steine sollte man schon vor dem Aufschütten der Pflanzerde setzen.

→ Anschließend wird das Pflanzsubstrat in einer 15 bis 20 cm starken Schicht aufgebracht. Damit die feine Erde nicht in die Hohlräume der Dränage rieseln kann, legt man zwischen beide Schichten ein unverrottbares Vlies oder schließt die Schotterschicht durch feineren Kies ab. Als Pflanzsubstrat eignet sich eine nährstoffreiche, unkrautfreie Gartenerde mit etwa einem Drittel grobem Sand.

→ Das Frühjahr ist die günstigste Zeit für die Pflanzung, sie ist aber auch noch im Sommer möglich. Bis zum Herbst sollen die Pflanzen allerdings gut eingewurzelt sein. Bitte nicht zu eng zu pflanzen! Bei 8 bis 12 Pflanzen pro Quadratmeter erreicht man schnell eine optisch gute Wirkung, muss aber nach einigen Jahren zu dicht stehende Pflanzen entfernen. In zugewachsenen Beständen kann es leicht zu Fäulniserkrankungen kommen.

→ Pflanzen Sie kleine Gruppen von drei oder fünf Pflanzen einer Art, die später ein Polster bilden. Dagegen setzt man *Cylindropuntia* einzeln. Sie wachsen strauchig und wirken freistehend am besten. „Frostharte" Arten wie *Echinocereus* oder *Escobaria* werden im Schutz von großen Steinen oder in eigens für sie geschaffene Nischen platziert.

Ein sonniger Stand garantiert reichen Knospenansatz.

→ Abstreuen mit Lavagrus oder Quarzsand wirkt nicht nur optisch gut. Das Unkraut lässt sich leichter aus dem lockeren Gestein entfernen und die Verdunstung wird gebremst.

→ In Kombination mit Kleinstauden, winterharten Sukkulenten und mit Gräsern wird die Bepflanzung abwechslungsreicher.

Kakteen pflegen und vermehren

Welche Erde benötigen Ihre Kakteen? Mit welchem Dünger und in welcher Dosierung führen Sie Nährstoffe zu? Welche Standortbedingungen sollten Sie Ihren Kakteen zu Verfügung stellen? Wie vermehren Sie Ihre Schützlinge? Fragen, auf die Sie in diesem Kapitel kompetente Antworten finden.

Erden und Substrate

Erden oder Substrate müssen grundsätzlich zwei Aufgaben erfüllen: den Pflanzen Halt bieten und sie mit Wasser und Nährstoffen versorgen. Welche besonderen Eigenschaften muss nun eine gute Kakteenerde haben? Vergegenwärtigt man sich, wo Kakteen zu Hause sind, wird klar, dass sie in einer überwiegend mineralischen Erde wurzeln. Im ariden Klima wird das Pflanzenwachstum durch die geringen Niederschläge und die starke Verdunstung begrenzt. Somit gibt es nur wenig organische Substanz, die zu Humus verrotten könnte. Die wenigen Niederschläge fallen oft als Starkregen, die fast die gesamte Feinerde wegspülen – nur in Gesteinsritzen und in Geländemulden kann sie sich halten. Vorwiegend an solchen Stellen findet man dann auch die Kakteen. Durch die starken Temperaturunterschiede zwischen Tag und Nacht sowie zwischen Sonnen- und Schattenseite kommt es zu intensiver Verwitterung. Je nach Gesteinsart werden Phosphor und Kalium als Pflanzennährstoffe freigesetzt. Folglich sind die Verwitterungsböden reich an diesen Nährstoffen, jedoch arm an Stickstoff.

Sie können nun mit einigem Aufwand Ihre Kakteenerde genau den Standortverhältnissen entsprechend zusammensetzen, aber dennoch vergeblich auf den erhofften Erfolg warten. Wie kann das sein? Temperaturverlauf, Luftfeuchtigkeit, Niederschlagsverteilung, Bodenwasser und Sonnenscheinintensität haben ebenso Einfluss auf Wachsen und Gedeihen der Pflanzen. Diese Faktoren können Sie jedoch nicht so ohne weiteres kopieren. Also müssen Sie herausfinden, welche Zusammensetzung von Kakteenerde zu Ihrer Kulturmethode passt. Wer nur hartes Leitungswasser zum Gießen verwenden kann, sollte seiner Erde einen Anteil Weißtorf zum Absenken des Säuregrades zusetzen. Wer seiner Sammlung über Staubewässerung die nötige Feuchtigkeit zuführt, sollte durchlässige Erde verwenden. Beim Gießen von oben ist eine Erde mit einem höheren Wasserhaltevermögen angebracht.

Hier einige Grundregeln, wie Sie auch ohne Kenntnis der heimatlichen Standortverhältnisse einschätzen können, welche Erdmischung für Ihre Pflanzen die richtige ist:

Welches Substrat für welchen Kaktus?

Rübenwurzler		mineralische Erde
Flachwurzler		2/3 mineralische, 1/3 humose Erde
Kugelkakteen mit Cephalium		2/3 Quarzsand, 1/3 Lauberde
Epikakteen		1/3 mineralische Erde (Körnung 3–6 mm), groben Rindenkompost + Torf + nährstoffreiche Gartenerde

So können Sie Kakteen umtopfen.

Unter Gewächshausbedingungen lassen sich viele Kakteenarten vorzüglich in reinem Torfsubstrat kultivieren. Das ist einerseits auf die Anpassungsfähigkeit der Kakteen zurückzuführen. Andererseits ist der Torf ein lockeres Substrat mit großem Wasserspeichervermögen. Damit lässt sich eine kontinuierliche Wasserversorgung viel leichter realisieren als bei einer mineralischen Mischung. Der pH-Wert liegt sehr stabil im schwach sauren Bereich, so dass er sich auch bei Verwendung von hartem Gießwasser vorerst nicht ändert. Aber Achtung: Torf quillt bei der Wasseraufnahme und schrumpft, wenn er austrocknet. Einmal richtig trocken, wird er erst durch länger andauerndes Tauchen wieder wasseraufnahmefähig. Durch das Schrumpfen des Torfes entsteht ein Spalt zwischen Topfwand und Wurzelballen, durch den das Wasser beim Gießen schnell nach unten sickert, ohne vom Substrat aufgenommen zu werden. Der Kakteenfreund, der über viele Jahre Freude an seinen Kakteen haben will, muss entsprechend des natürlichen Wachstumsrhythmus' Gießpausen einhalten. Deshalb kann man Torf nur in Verbindung mit anderen Zuschlagstoffen einsetzen. Nach zwei bis drei Jahren ist der Torf verrottet und verliert die lockere Struktur. Pflanzen Sie also Ihre Kakteen so bald als möglich um, falls diese in einem Torfsubstrat stehen.

Verschiedene Bestandteile einer Kakteenerde

Mineralische Zuschlagstoffe

■ **Ton** entsteht aus verwittertem Silikatgestein und besitzt eine Schichtstruktur. Zwischen den Schichten wird Wasser eingelagert, das den Ton aufquellen lässt. Ton bindet außerdem für die Pflanzenernährung wichtige Ionen und bewahrt sie vor dem Auswaschen.

■ **Lehm** entsteht aus Ton, vermischt mit feinstem Sand. Im Gegensatz zu Ton lässt sich Lehm auch im trockenen Zustand gut zerkleinern und damit problemlos in ein Substrat mischen. Die Eigenschaften sind ähnlich wie die des Tons. Viele mexikanische Kakteenarten gedeihen gut bei einem Lehmanteil im Pflanzsubstrat.

■ **Sand** wird als Grubensand, gewaschen, gesiebt oder gebrochen in verschiedenen Körnungen angeboten. Die Sandkörner haben eine geschlossene Oberfläche, können also kein Wasser aufnehmen und sind absolut strukturbeständig. Sand lockert die Bodenstruktur auf, durch sein Gewicht verbessert er die Standfestigkeit, was besonders für Säulenkakteen von Nutzen ist.

Poröse Zuschlagstoffe

■ **Bimskies** ist ein vulkanisches Gestein, sehr leicht und porös. Es kann sich voller Wasser saugen und es an die Wurzeln wieder abgeben. Bims wird in verschiedenen Körnungen angeboten und zum Auflockern der Erde eingesetzt.

■ **Lavalit** ist ebenfalls ein vulkanisches Gestein, porös, aber schwer. Es findet zum Beimischen besonders für Großpflanzen Verwendung, wird aber auch pur als Kakteensubstrat verwendet. Das reiche Angebot an Spurenelementen danken die Pflanzen durch gesunden Wuchs und viele Blüten, Hauptnährstoffe müssen extra zugeführt werden.

■ **Ziegelsplitt** sollte aus hart gebrannten Ziegeln hergestellt sein, ansonsten zerfällt er in der Erde bald und verschlämmt sie. Gemahlener Ziegelschutt enthält neben dem Ziegelsplitt auch Quarzsand und Kalk. Kalk kann bestimmte Nährstoffe im Boden freisetzen und überschüssige Wasserstoff-Ionen binden und damit den pH-Wert anheben.

■ **Blähschiefer** ist durch Hitzebehandlung aufgeblähter Schiefer. Die Eigenschaften sind ähnlich dem von Lavalit, nur ist er wesentlich leichter.

■ **Blähton** sind hart gebrannte, poröse Tonkügelchen in verschiedenen Körnungen oder auch gebrochen. Ursprünglich wurde er vorwiegend als Substrat für Hydrokultur eingesetzt. Gebrochener Blähton kann auch als strukturbeständiger Zuschlag für Erdmischungen eingesetzt werden.

■ **Perlite** ist ein federleichtes, feinporiges Substrat, das durch Hitzebehandlung aus Aluminiumsilikat gewonnen wird. Es kann das Dreifache seines Gewichtes an Wasser aufnehmen. Durch Beimischen von Perlite wird ein Substrat lockerer und leichter, außerdem wird das Wasserhaltevermögen verbessert.

Humose Zuschlagstoffe

■ **Torf** unterteilt man in Weißtorf, Schwarztorf und Niedermoortorf. Weißtorf entsteht im Hochmoor unter Luftabschluss aus Sumpfmoos (*Sphagnum*). Seine Struktur ist locker, leicht und bleibt über lange Zeit erhalten. Weißtorf kann das Zehn- bis Fünfzehnfache seines Eigengewichtes an Wasser aufnehmen. Er ist nährstoffarm, aber reich an Huminsäuren mit stark saurer Reaktion (pH-Wert 4). Aber einmal ausgetrocknet, nimmt er nur sehr schwer wieder Wasser an. Damit kann die Verwendung von reinem Torf für Kakteen, so gut sie auch sonst darin wachsen mögen, nicht empfohlen werden. Die positiven Eigenschaften nutzt man aber gern, indem man Torf zu einem bestimmten Anteil der Kakteenerde beimischt. Schwarztorf wird aus tieferen Schichten des Hochmoors gewonnen. Der Torf ist schon stärker verrottet und nicht mehr ganz so locker. Sonst sind die Eigen-

So wird Kakteenerde gemischt

Für die speziellen Bedürfnisse der verschiedenen Kakteenarten werden verschiedene Komponenten gemischt. Um eine gleichmäßige Mischung sicherzustellen, werden zunächst die Bestandteile im vorgesehenen Verhältnis auf einen kegelförmigen Haufen geschaufelt. Dann wird der Haufen von unten her abgetragen und zu einem neuen Kegel aufgeschüttet. Diese Arbeit ist in der Regel ein weiteres Mal zu wiederholen. Die sichere Durchmischung ist besonders wichtig, wenn gleichzeitig Dünger beigegeben wird.

schaften ähnlich denen des Weißtorfs. Niedermoortorf ist nur schwach sauer bis neutral, nährstoffreich und nicht so strukturbeständig. Als Zuschlagstoff für Kakteenerde ist er nicht geeignet.

■ **Kokohum** ist eine industriell gefertigte Alternative zu den endlichen Torfvorkommen. Aus aufbereiteten Kokosfasern lässt sich ein Substrat herstellen, das ähnliche Eigenschaften wie Weißtorf aufweist. Seine Struktur ist grober und noch beständiger, aber seine Wasserkapazität geringer als die des Weißtorfes. Es wird zu Ziegeln gepresst im Handel angeboten.

■ **Rindenkompost** bietet sich als Ersatz für Torf an. Bei der Holzaufbereitung anfallende Rinde wird kompostiert und nach entsprechender Zersetzung abgesiebt. Das so zubereitete Substrat ist als Bestandteil für „Epiphytenerde" bestens geeignet.

■ **Nadel- und Lauberde** entsteht, indem Nadeln oder Laub auf Haufen aufgesetzt werden und verrotten. Zur Durchlüftung werden die Haufen mehrmals umgesetzt. Nach zwei bis drei Jahren ist der Rotteprozess abgeschlossen. Nadelerde hat eine saure Reaktion (pH-Wert 5), ist lockerer und speichert weniger Wasser als Lauberde.

■ **Komposterde** ist in der Zusammensetzung immer verschieden, da sehr unterschiedliche Stoffe kompostiert werden. Wichtig ist, dass der Komposthaufen durch mehrmaliges Umsetzen immer gut durchlüftet ist und so die Verrottung gefördert wird. Bei der Verwendung dürfen keine unverrotteten Bestandteile mehr enthalten sind. Eine gute Komposterde ist locker und nährstoffreich. Durch Absieben entfernt man zu grobe Bestandteile.

Wasser und Düngung

Ohne Wasser kein Leben! Das trifft auch für die Kakteen zu. Während der Wachstumszeit brauchen sie reichlich Wasser, um neben dem täglichen Bedarf noch Wasser zu speichern. Wasseraufnahme und -transport erfolgen durch unterschiedliche Konzentrationen zwischen Bodenwasser und Wurzelzellen. Eine höher konzentrierte Lösung ist immer „bestrebt“, sich durch Wasseraufnahme zu verdünnen. So nehmen die Zellen der Saugwurzeln das Bodenwasser mit den darin gelösten Nährstoffen auf und geben es an benachbarte Zellen weiter.

Zuletzt verlässt das Wasser durch Verdunstung über die Spaltöffnungen die Pflanze. Bei den Kakteen ist die Verdunstung weitestgehend eingeschränkt, somit auch die Aufnahme und der Transport des Wassers langsamer als bei nichtsukkulenten Pflanzen (siehe Seite 6/7).

■ **Wann Sie gießen sollten:**

→ In der Ruhezeit haben Kakteen einen nur geringen oder keinen Wasserbedarf.

→ In der Wachstumsphase wird art- und standortabhängig mehr oder weniger Wasser benötigt.

■ **Wie Sie gießen sollten:**

Die Wasserzufuhr erfolgt in der Regel durch das Gießen. Eine Kanne mit dünnem Rohr ermöglicht gezieltes Gießen, ohne dass dabei die Pflanzen nass werden. Bei vielen und eng stehenden Kakteen lässt sich die Verwendung einer Brause meist nicht umgehen. Allerdings wird beim Überbrausen die ganze Pflanze nass. Das ist besonders bei weißwolligen Kakteenarten nicht erwünscht.

Deshalb ist die Staubewässerung eine gute Alternative. Alle Kakteen einer Pflegegruppe stehen gemeinsam in einer wasserdichten Schale mit mindestens 2 – 3 cm hohen Rand. Zum Gießen wird die Schale mit Wasser gefüllt. Das Substrat saugt sich nun von unten her durch die Kapillarwirkung voll Wasser, überschüssiges Wasser wird nach etwa einer Stunde aus der Schale entfernt. Entsprechend der natürlichen Gegebenheiten am Standort wird lieber gründlich gewässert und mit der nächsten Wassergabe gewartet, bis wenigstens die oberste Erdschicht wieder trocken ist. Das kann je nach Wetter, Aufstellung der Schale, verwendetem Topfsubstrat und Töpfen unterschiedlich lange dauern. Deshalb ist die Faustregel „In der Wachstumszeit jede Woche einmal gießen“ sehr ungenau. Bei anhaltender Sommerhitze sollten Sie weder wässern noch überbrausen. Die Kakteen stellen sich auf Trockenheit ein und werden leicht von Fäulniserregern befallen, wenn sie bei heißem Wetter feucht stehen.

Wasserqualitäten

Kakteen mögen kein hartes Wasser. Ältere Pflanzen bekommen davon hässlich graue Kalkflecken. Sämlingen kann ein Kalkpanzer förmlich die Luft abschnüren. Die Wasserhärte wird in Grad deutscher Härte (=°dH) angegeben. Dabei entspricht 1°dH dem Gehalt von 10 mg Kalziumoxid (CaO) pro 1 l Wasser. Ein Beispiel: Verwenden Sie Wasser mit 30°dH zum Gießen, bringen Sie mit jeder 10-l-Kanne Wasser 0,3 g Kalziumsalze in den Boden. Mit der Zeit kommt es dadurch zu einer Erhöhung der Salzkonzentration, welche die Wasser- und Nährstoffaufnahme behindert. Außerdem wird durch alkalische Ionen der pH-Wert in Bereiche über 7 verschoben. Die Verwendung von Regenwasser zum Gießen ist eine gute Alternative. Regenwasser ist im Allgemeinem sehr kalkarm und zum Gießen gut geeignet. Zum Auffangen und Speichern ist eine ausreichende Behälterkapazität notwendig. Pro Quadratmeter Stellfläche muss man für einmal kräftig Gießen mit 5 bis 10 l Wasser rechnen. Damit lässt sich der Wasserbedarf für die Kakteensammlung während der Wachstumszeit leicht berechnen. Stehen die Pflanzen im Sommer ohne Überdachung, decken die natürlichen Niederschläge in unseren Breiten meist den Wasserbedarf der Kakteen.

Dünger-1×1

Die Pflanzenernährung ist eng mit der Wasseraufnahme gekoppelt. Nur die im Wasser gelösten Nährstoffe können von der Pflanze aufgenommen werden. Auch wenn Kakteen als sehr genügsam einzustufen sind, werden für ein gesundes Wachstum die Hauptnährstoffe ebenso gebraucht wie die Spurenelemente. Je nachdem, wie das Substrat beschaffen ist, verfügt es über einen Nährstoffvorrat, der allmählich freigesetzt wird, oder es müssen entsprechende Dünger zugegeben werden. Doch auch hier gilt, besser sparsam düngen als zuviel. Als Obergrenze für die Flüssigdüngung gelten 3 g / l Gießwasser oder als Zugabe zum Substrat 3 kg / m³. Nur im Wuchs befindliche Pflanzen sollen gedüngt werden. Wenn das Wachstum stockt, ist die Ursache fast nie ein Nährstoffmangel, sondern oft ein Wurzelschaden.

Turbinicactus laui behält seine schöne Behaarung nur, wenn er nicht von oben gegossen wird.

Licht, Luft und Temperatur

Ausreichend Licht ist wohl die wichtigste Voraussetzung für eine erfolgreiche Kakteenkultur. Die Sonne scheint in Mitteleuropa nur halb so intensiv wie an den Kakteenstandorten. Dass die Kakteen unter diesen Bedingungen überhaupt gedeihen, liegt an den langen Sommertagen. Im Winter halten die meisten Kakteenarten eine Wachstumsruhe, so dass sich die fehlende Sonne in dieser Zeit nicht nachteilig auswirkt. Aber zur Wachstumszeit ist der hellste Platz der Wohnung für die Kakteen gerade ausreichend. Auch in einer hellen Wohnung gehören sie ans Fenster.

Sehr gut geeignet → **ungeeignet**

Südfenster Ostfenster Westfenster Nordfenster

Wirkungen des Lichts

Das Licht ist in mehrfacher Hinsicht für die Pflanzen von Bedeutung: Zum einen liefert es die Energie für die Photosynthese. So ist es bei allen grünen Pflanzen Voraussetzung für Stoffaufbau und Wachstum. Zum anderen haben die unterschiedlichen Wellenlängen des Lichtes verschiedene Wirkungen auf das Wachstum und die Entwicklung der Pflanzen. Die kurzwellige UV-Strahlung hemmt das Längenwachstum, wogegen die langwellige Wärmestrahlung das Längenwachstum fördert. Kakteen in unseren Sammlungen erhalten schon durch die geografischen Gegebenheiten viel weniger UV-Strahlung als in ihrer Heimat. Stehen die Pflanzen dazu noch hinter einer Glasscheibe, die ihrerseits die UV- Strahlung reflektiert, während sie die Infrarotstrahlung durchlässt, wird das Problem noch verschärft. Deshalb ist es so wichtig, die Kakteen während der Wachstumszeit möglichst unter freiem Himmel zu kultivieren. Der Fensterbrettsammler, der keine Möglichkeit hat, seine Pflanzen im Sommer ins Freie zu räumen, sollte in seiner Sammlung auf Hochgebirgsarten besser verzichten. Außerdem muss er durch äußerst sparsame Wassergaben unerwünschtes Längenwachstum bei seinen Kakteen bremsen.

Die höchsten Lichtansprüche haben die Arten aus den Anden bzw. aus den mexikanischen Wüsten. Dagegen benötigen die Bewohner der Feucht- und Regenwälder auch bei uns im Sommer Halbschatten.

Das Licht spielt für die Entwicklung der Blüten bei den Kakteen eine große Rolle. Jeder Kakteenfreund hat schon beobachtet, dass seine Kakteen nach einem besonders sonnenreichen Sommer und Herbst im Folgejahr deutlich mehr Blüten entwickeln.

Zwischen Licht und Temperatur besteht eine enge Wechselwirkung. Je intensiver die Sonnenstrahlung, desto stärker ist die Lufterwärmung. Allerdings wird mit zunehmender Höhe die Lufttemperatur immer

Auf einen Blick **Lichtansprüche von Kakteen**

höchste Lichtansprüche	hohe Lichtansprüche	etwas Schatten bei starker Sonne	Halbschatten
Rebutia	*Astrophytum*	*Discocactus*	Epikaktus
Echinopsis (Lobivia)	*Echinocactus*	*Melocactus*	*Disocactus*
Echinocereeus	*Mammillaria*	*Gymnocalycium*	*Hatiora*
Parodia	*Gymnocalycium*	*Selenicereus*	*Rhipsalis*
Thelocactus	*Parodia (Notocactus)*	*Disocactus (Aporocactus)*	*Schlumbergera*
	Turbinicarpus		

Unter Lichtmangel zur „Gurke" verkommene Kugel-Echinopsis.

geringer, obgleich die Intensität der Sonnenstrahlung infolge der immer dünner werdenden Luft zunimmt. Für die Kultur bedeutet das: Kakteen aus Höhenlagen über 2000 m sind möglichst lange im Jahr ohne Glasschutz zu kultivieren. Kulturräume wie Gewächshaus, Wintergarten oder Frühbeetkasten müssen gut belüftbar sein, damit die hinter dem Glas sich schnell erwärmende Luft abgeführt und durch kühlere ersetzt werden kann.

Während der Ruhezeit im Winter lieben die meisten Kakteenarten eher niedrige Temperaturen. Die Bedürfnisse lassen sich von den Standortbedingungen ableiten. Viele Arten vertragen in ihrer Heimat niedrige Temperaturen auch unter 0°C. Bei uns sind solch niedrige Temperaturen meist mit einer hohen Luftfeuchtigkeit verbundenen und deshalb den meisten Kakteen unzuträglich.

Für den Fensterbrettsammler gilt es, einen Kompromiss zwischen Wohnungs- und Standorttemperatur seiner Kakteen zu finden (siehe auch Seite 21). Bei geschickter Auswahl der Arten muss man auch im Winter nicht auf einen warmen Wohnraum verzichten. *Melocactus* und *Discocactus* vertragen im Winter Temperaturen, die auch für uns angenehm sind. Ebenso kann man viele Epikakteen warm überwintern. Allerdings lieben diese nun wieder eine hohe Luftfeuchtigkeit, die unseren Möbeln nicht immer zuträglich ist.

Luftbewegung ist für den Gasaustausch zwischen Pflanzeninnerem und Außenluft wichtig. Er wird durch die Spaltöffnungen geregelt. Bei den sukkulenten Pflanzen sind diese in Gruben verborgen. Durch fehlende Luftbewegung ist der ohnehin stark eingeschränkte Gasaustausch und damit die CO_2-Zufuhr in das Pflanzeninnere noch geringer. Deshalb müssen Kakteenstellplätze auch im Winter gut gelüftet werden!

Auf einen Blick Überwinterungstemperaturen von Kakteen

frosthart	0°–6°C	8°–12°C	Zimmertemperatur
einige *Echinocereus*	einige *Echinocereus*	*Astrophytum*	*Astrophytum*
einige *Escobaria*	*Echinopsis* (*Lobivia*)	*Echinocactus*	*Discocactus*
einige *Gymnocalycium*	einige *Gymnocalycium*	*Echinocereus* der Baja California	Epikakteen
einige *Opuntia*	*Rebutia*	*Echinopsis* (*Notocactus*)	*Melocactus*
	Oreocereus	Epikakteen	*Micranthocereus*
		Ferocactus	*Pilosocereus*
		Gymnocalycium	*Uebelmannia*
		Mammillaria	

Kakteenkinder durch Aussaat

Zu einer selbst aus Samen herangezogenen Pflanze hat man ein ganz persönliches Verhältnis. Die Basis für die generative Vermehrung sind die Samen. Kakteensamen keimen in der Regel über viele Jahre. Damit die Keimfähigkeit erhalten bleibt, sollte der Samen bis zur Aussaat absolut trocken und kühl aufbewahrt werden. Der günstigste Zeitpunkt für die Aussaat ist das Frühjahr, wenn sich die frisch gekeimten Sämlinge mit der erwachenden Natur entwickeln können. Temperaturen von 12 bis 15°C in der Nacht und 18 bis 22°C am Tag sind optimal für die Aussaat. Das entspricht etwa dem Temperaturverlauf in Ihrem Wohnraum. Sie benötigen einen hellen Platz an einem absonnigen Fenster, ein Gefäß mit glasklarem Deckel, Aussaatsubstrat, nicht zu feinen Quarzsand und etwas Geduld. Das Aussaatgefäß soll im Boden gleichmäßig verteilte Löcher haben, damit von unten Wasser einziehen kann. Als Aussaatsubstrat hat sich eine Mischung aus gleichen Teilen kurzfasrigem Torf und einem mineralischen Bestandteil wie Blähton, Blähschiefer, Bimskies oder Seramis in der Körnung 1 – 3 mm bewährt. Mit dieser Mischung wird die Aussaatschale zu etwa drei Vierteln gefüllt. Die Oberfläche drücken Sie mit einem Brettchen gleichmäßig an. Zur Kennzeichnung brauchen Sie ein Etikett mit dem botanischen Namen.

Gegen Pilzbefall wird der Samen vor der Aussaat gebeizt. Geben Sie eine Messerspitze trockenes Beizpulver in die Samentüte und schütteln Sie so lange, bis alle Samenkörner mit dem Puder gleichmäßig umhüllt sind. Nun kann der Samen gleichmäßig auf der Oberfläche verteilt werden. Wollen Sie mehrere Arten in einer Schale aussäen, unterteilen Sie die Saatfläche mit Plastikstreifen in entsprechende Felder. Nach der Aussaat werden große Samenkörner vorsichtig angedrückt, damit sie Kontakt mit dem Substrat bekommen. Danach bedecken Sie die Oberfläche mit einer gleichmäßig dünnen Schicht Quarzsand. Er lässt das Licht durchscheinen, hält aber die Feuchtigkeit an der Substratoberfläche und trocknet selbst schnell ab. Nun stellen Sie die Aussaatschale in ein Gefäß

Die Aussaat von Kakteensamen.

Wenige Tage alte Kakteensämlinge.

mit Wasser, bis sich das Substrat richtig voll gesaugt hat. Dann stellen Sie die Aussaatschale an den vorgesehenen Platz am Fenster. Gegen Verdunstung verschließen Sie die Schale mit einem Deckel oder einer Glasscheibe. Zwischen Substratoberfläche und Deckel muss unbedingt ein Luftraum von mindestens 2 – 3 cm bleiben.
Die Samenkörner nehmen sofort nach der Aussaat Wasser auf, sie quellen. Der Embryo beginnt zu wachsen. Da er noch keine Nährstoffe aus der Erde aufnehmen kann, ist er auf seine Vorräte aus dem Nährgewebe angewiesen.
Meist schon nach drei bis zehn Tagen, bei manchen Arten erst nach mehreren Wochen, wird es in der Samenschale zu eng. Sie platzt und die Keimwurzel bahnt sich den Weg in die Erde. Vom Zeitpunkt des Samenquellens bis zur Wasseraufnahme durch die Keimwurzel darf die Saatschale nie austrocknen. Zuerst legt sich der winzige Kaktus „standesgemäß" einen Wasserspeicher an. So kann er schon kurzzeitigen Wassermangel im Boden überdauern. Die Wurzel dringt schnell in tiefere Bodenschichten vor, wo es länger feucht bleibt.
Sind die Keimlinge so weit heran gewachsen, dass sie aus dem Abdecksand schauen, ist es Zeit, die Schalenabdeckung zunächst stundenweise zu entfernen. So werden die jungen Pflänzchen abgehärtet und Pilze haben keine Chance. Die Keimlinge haben schon so viel Wasser gespeichert, dass sie mehrere Tage ohne Nachschub auskommen. Die Aussaat soll zwar hell, aber vor direkter Sonne geschützt stehen. Nötigenfalls muss man sie mit etwas Seidenpapier oder mit Vlies schattieren. In den folgenden Wochen werden aus den kaum stecknadelkopfgroßen Keimlingen richtige Kakteen: Aus der Mitte der zwei Keimblätter schiebt sich nun die eigentliche Pflanze heraus und das erste Dornenpolster lässt meist nicht lange auf sich warten. Nun ersetzen Sie die starre Abdeckung durch ein Vlies. Das ermöglicht den Gasaustausch, verhindert aber die Verdunstung der Bodenfeuchtigkeit. Außerdem schützt es die noch empfindlichen Sämlinge vor der direkten Sonnenbestrahlung. Die Pausen zwischen den Wassergaben werden so weit ausgedehnt, dass die obere Bodenschicht unter dem Abdecksand gut abtrocknet. Erst dann wird wieder kräftig gewässert. Da das Aussaatsubstrat so gut wie keine Nährstoffe enthält, können Sie auch gelegentlich eine leichte Düngergabe verabreichen. 1 g Dünger je Liter Wasser ist ausreichend. Sind die Sämlinge so weit gewachsen, dass sie sich gegenseitig bedrängen, ist die Zeit gekommen, sie zu vereinzeln.

Das Vereinzeln oder Pikieren.

Nachkommen durch Stecklinge und Kindel

Während bei der generativen Vermehrung (Aussaat) die Nachkommen in jedem Fall mit einer neuen Genkombination ausgestattet sind, erhalten Sie bei der vegetativen Vermehrung über Stecklinge oder Kindel immer äußerlich wie auch genetisch identische Nachkommen. Genau genommen sind es gar keine „Nachkommen“, sondern „Teilstücke“ der Mutterpflanze. Diese Teilstücke können Stecklinge, Kindel, Ausläufer, Absenker, ja sogar Brutpflanzen sein. Immer werden diese Teilstücke von der Mutterpflanze getrennt und als eigenständige Pflanze weiter kultiviert. Bei Polster bildenden Arten ist es auch möglich, die Mutterpflanze insgesamt in Teilstücke zu zerlegen und so zu vervielfachen.

Mit einem ziehenden Schnitt wird der Steckling abgetrennt.

Gründe für die Stecklingsvermehrung

→ Vermehren von Pflanzen, von denen Samen nur schwer zu beschaffen sind,
→ schnellere Entwicklung von großen Pflanzen ohne jahrelange Anzucht aus Samen,
→ Vermehrung von Hybriden und Sorten, die nicht reinerbig sind,
→ unansehnlich gewordene oder an der Wurzel erkrankte Pflanzen werden erhalten, indem gesunde bzw. schöne Teilstücke geschnitten und neu bewurzelt werden.

Als Zeitpunkt für den Stecklingsschnitt sollten Sie das Frühjahr oder den zeitigen Sommer wählen. Je später im Jahr Sie den Stecklingsschnitt durchführen, desto schwerer wird es, die Stecklinge neu zu bewurzeln. Desinfizierend wirkt Holzkohlepuder, der an den Schnittstellen aufgetragen wird.
Ein Kopfsteckling bei einem **Säulenkaktus** wird im ausgereiften, aber noch nicht verholzten Bereich des Triebes geschnitten. Mit einem ziehenden Schnitt eines Sägemessers erzielen Sie eine glatte Schnittfläche. Weichfleischige Stecklinge werden unten konisch zugeschnitten. Der abgetrennte Steckling wird mit der frischen Schnittfläche in Holzkohlepuder getaucht und mit der Schnittfläche nach unten an einen luftigen schattigen Ort gestellt. Die Stecklinge sollen senkrecht stehen, bei waagerechter Lage werden unterseits Wurzeln über die ganze Trieblänge gebildet. Nach dem Schnitt sollten Sie öfter auf Fäulnisbefall kontrollieren und nötigenfalls nochmals nachschneiden. Im Normalfall zeigen sich nach zwei bis drei Wochen schon die ersten Wurzelspitzen. Dann können Sie die Stecklinge in Erde pflanzen.
Etwas anders wird der Schnitt bei **Scheibenopuntien** ausgeführt. Da die Wurzeln an den Dornenpolstern (Areolen) entstehen, kann man an der dünnsten Stelle schneiden. Bei größeren Exemplaren ist diese

Übergangsstelle sehr hart. Eine Gartenschere ist für diese Arbeit hilfreich. Kleinere Triebe wie bei *Opuntia microdasys* lassen sich durch leichtes Drehen einfach abbrechen. Auch vorjährige „Ohren" entwickeln noch willig Wurzeln. *Cylindropuntia* sind wie Säulenkakteen zu vermehren, *Tephrocactus* wie Scheibenopuntien, wobei hier die einzelnen Glieder so wenig miteinander verwachsen sind, dass sie schon allein von der Mutterpflanze abbrechen. *Tephrocactus* müssen in der ersten Jahreshälfte vermehrt werden. Im Laufe des Sommers schließen sie bereits das Wachstum ab und die abgetrennten Glieder bilden nur noch sehr schwer neue Wurzeln.

Verschiedene **Kugelkakteen** bilden Kindel, die schon Wurzeln bereits an der Mutterpflanze haben. Bei den kugelig wachsenden Vertretern der Gattung *Echinopsis* ist dies sehr häufig zu beobachten. Auch die von der Natur weniger zur Fortpflanzung bestimmten Seitensprosse und Nebenköpfe können problemlos von der Mutterpflanze abgetrennt und nach Abheilung der Schnittfläche als Steckling neu bewurzelt werden. Kindel von *Astrophytum, Echinocactus* oder *Ferocactus* wird man nur schwer zur Wurzelbildung bewegen und deshalb besser veredeln oder aus Samen vermehren. Bei langtriebigen **Blattkakteen** können außer den Triebspitzen auch Teilstücke als Stecklinge genutzt werden, wobei vier bis fünf Augen pro Steckling gerechnet werden. Man muss darauf achten, dass nur das wurzelseitige Ende des Triebes wieder Wurzeln bildet. Die zahllosen Blattkakteen-Hybriden lassen sich nur über Stecklinge vermehren. Die durch Züchtung erzielten Eigenschaften (Blütenfarbe, Größe, Form und Wuchsform) sind einmalig und würden schon in der nächsten samenvermehrten Generation ganz anders ausfallen. Stecklinge von Blattkakteen schneidet man immer an der breiten Basis der Triebe, nicht an den Einschnürungen. An diesen verjüngten Bereichen sind die Triebe sehr hart und bilden nur schlecht Wurzeln. Die günstigste Zeit für die Vermehrung der Blattkakteen ist im August. Dann ist der Frühjahrstrieb schon ausgereift und die Stecklinge haben noch genügend Zeit, vor der Winterruhe Wurzeln zu bilden. Gespannte Luft bei Temperaturen zwischen 20 und 25°C ist der Wurzelbildung förderlich.

Nach vier bis sechs Wochen haben sich neue Wurzeln gebildet.

Kindel bildende Arten sind zur vegetativen Vermehrung bestens geeignet.

Veredelte Kakteen

Nicht nur Obstbäume, auch Kakteen können veredelt werden. Dabei wird ein Edelreis auf eine wüchsige Unterlage gesetzt, so dass beide Teile miteinander verwachsen.

Gründe für Veredlungen

- Schnellerer Zuwachs,
- Erhaltung wurzelecht schwer zu kultivierender Arten,
- Rettung erkrankter Pflanzen.

Zum Veredeln benötigen Sie ein scharfes Messer mit dünner Klinge, eine Holzzange und Gummiringe in verschiedenen Längen. Unterlage und Mutterpflanze gießen Sie einige Tage vor der geplanten Veredlung gründlich und stellen sie an einen warmen Platz. Damit wird der Saftstrom in den Pflanzen angeregt, eine wichtige Voraussetzung für das spätere Verwachsen beider Teile. Das Frühjahr ist die günstigste Jahreszeit für Veredlungen. Die Erfolgsaussichten sind umso geringer, je mehr sie sich die Pflanzen in Ruhe befinden.

Kakteen veredeln Schritt für Schritt

→ Entfernen Sie zunächst den Kopf der Unterlage mit einem ziehenden Schnitt. Der Schnitt muss exakt waagerecht ausgeführt werden, damit das aufzusetzende Edelreis nicht abrutscht.

→ Soll die Unterlage später als „Wurzel" in der Erde verschwinden, darf sie nicht zu lang sein; schneiden Sie hier also möglichst tief. Im Bereich der Schnittstelle muss die Unterlage aber noch saftig und nicht verholzt sein. Soll das Edelreis im Wachstum stark gefördert werden, führen Sie eine Hochveredlung aus. Dazu wählen Sie eine möglichst lange Unterlage und schneiden im gerade ausgereiften Bereich des Kopfes.

→ Um zu verhindern, dass unmittelbar an der Veredlungsstelle später Seitensprosse von der Unterlage austreiben, schneiden Sie vorsorglich die Rippen schräg nach unten weg. Die Schnittstelle bekommt so die Form eines Kegelstumpfes.

→ Trennen Sie das Edelreis von der Mutterpflanze. Seitensprosse schneiden Sie an der dünnsten Stelle, damit an der Mutterpflanze nur eine kleine Narbe zurück bleibt. Für die Veredlung benötigen Sie eine große Schnittfläche. Mit einem ziehenden Schnitt bereiten Sie das Edelreis vor. Das alles muss zügig vonstatten gehen, damit der Zellsaft beider Schnittstellen nicht antrocknet.

→ Nun setzen Sie das Edelreis mit der frischen Schnittfläche auf die abgeschnittene Unterlage und drücken leicht an.

→ Damit beide Teile verwachsen, bedarf es eines gewissen Druckes. Diesen erzielen Sie am einfachsten durch Gummiringe, die über das Edelreis und den Topfboden der Unterlage gespannt werden. Insgesamt sollten zwei bis drei überkreuz um die Veredlung angelegte Gummis ausreichen.

→ Anschließend stellen Sie die Veredlung an einen luftigen, warmen Platz – hell, aber vor direkter Sonne geschützt. Die Unterlagen sollen kontinuierlich mit Wasser von unten versorgt werden. In den ersten Tagen kontrollieren Sie regelmäßig, ob alle Köpfe noch auf ihren Unterlagen sitzen. Sollte einer durch ungleichen Zug der Gummis abgesprungen sein, kann man beide Schnittstellen nachschneiden und den Pfröpfling erneut auf die Unterlage bringen.

→ Meist schon nach ein bis zwei Wochen sind Edelreis und Unterlage miteinander verwachsen. Sie erkennen es daran, dass der Pfröpfling frisch aussieht und rasch an Volumen zunimmt. Sicherheitshalber warten Sie noch acht Tage, bevor Sie vorsichtig die Gummis entfernen. Achten Sie auf die Unterlage: Besonders wenn ein Pfröpfling nicht gut angewachsen ist, werden sich vorwiegend an den oberen Areolen der Unterlage Seitensprosse bilden. Diese sollten Sie so bald als möglich entfernen.

Beachten Sie: Jeder Kaktus hat einen so genannten Zentralzylinder. Er wird aus kreisförmig angeordneten Leitbündeln gebildet, die den Saftstrom sicherstellen. Die Zentralzylinder, die man an den Schnittflächen deutlich sieht, müssen bei der Veredlung aufeinander treffen. Platzieren Sie deshalb das Edelreis etwas außermittig, damit sich die Zentralzylinder von Unterlage und Edelreis wenigstens kreuzen.

Vorbereiten der Spaltpfropfung.

Der Pfröpfling wird keilförmig angeschnitten, in den Spalt geschoben und mit zwei langen Dornen fixiert.

Unterlagen zum Veredeln

***Harrisia jusbertii* (Syn. *Eriocereus jusbertii*)**

Der Wuchs der Sämlinge ist immer schief, vom Licht abgewandt. Erst Kopfstecklinge wachsen gerade aufrecht. Eine vielseitig einsetzbare Unterlage sowohl für kleine als auch für große Pfröpflinge wie auch für Epikakteen. Veredlungen sind nur im ersten Halbjahr sinnvoll, weil später *H. jusbertii* nicht mehr treibt und deshalb nur noch schlecht annimmt. Diese Pfröpflinge werden nicht mastig, behalten ihr artspezifisches Aussehen und sind besonders blühfreudig. *H. jusbertii* ist eine sehr stabile Dauerunterlage, die nicht selten den Pfröpfling überlebt. Sie stellt keine besonderen Ansprüche, verträgt Trockenheit und niedrige Temperaturen bis +5°C.

Trichocereus pachanoi

Dieser glatte, bis 8 cm starke Säulenkaktus hat bis zu acht flachrunde Rippen. Die Areolen sind wenig ausgeprägt, er trägt kaum Dornen. Der Kaktus ist etwas weichfleischig; bei langen Trockenperioden verliert er an Stabilität. Als Unterlage ist er sehr gut geeignet, da er fast alle Pfröpflinge gleich gut annimmt. Durch die fehlenden Dornen ist er gut zu bearbeiten. Er sollte bei Temperaturen über 8°C überwintert werden.

Trichocereus spachianus

Bis 6 cm starker Säulenkaktus mit vielen, bis zu 15 flachen Rippen und bis 1 cm langen gelben Dornen. Eine robuste Unterlage, die Temperaturen bis 0°C und auch längere Trockenperioden verträgt. Er neigt zum Sprossen. Als Unterlage ist er für größere Pfröpflinge und Kammformen geeignet.

Trichocereus macrogonus

Derb bedornter Säulenkaktus mit sieben flachen Rippen und blaugrau bereiftem Körper bis 7 cm Durchmesser. Eine sehr robuste Dauerunterlage – besonders geeignet für größere Pfröpflinge und Kammformen. Er verträgt Trockenheit und Wintertemperaturen bis 5°C, kurzfristig auch darunter.

Trichocereus pasacana

Säulenkaktus aus andinen Höhenlagen zwischen 2500 und 3500 m. Er wird als Unterlage für langsam wachsende, kälteverträgliche Arten, besonders der nordamerikanischen Vertreter wie *Coloradoa, Escobaria, Navajoa* oder *Utahia* empfohlen.

Echinocereus salm-dyckianus

Häufig verliert *Epithelantha micromeris* ohne ersichtlichen Grund die Wurzeln. Deshalb sollte man sie schon als junge Pflanze veredeln. *E. salm-dyckianus* ist hierfür als Unterlage bestens geeignet. Tief gepfropft, verschwindet sie bald als Wurzel unter der Erde.
Für schwierige *Echinocereus*-Arten ist diese Unterlage ebenfalls geeignet.

Myrtillocactus geometrizans

Auffallend blau bereifter Säulenkaktus mit fünf flachen Rippen. Als Unterlage eignen sich junge Sämlingspflanzen oder Kopfstecklinge. Er ist im Winter wärmebedürftig, deshalb sollte man ihn nicht längere Zeit unter 12°C aufstellen. Er ist besonders geeignet für schlecht wachsende Arten der Gattungen *Aztekium, Pelecyphora, Blossfeldia, Epithelantha* sowie chlorophylllose *Gymnocalycium*.

Cereus peruvianus

Tief gerippter, sehr raschwüchsiger Säulenkaktus. Er ist besonders geeignet, wenn schneller Zuwachs erreicht werden soll. Je länger die Unterlage, desto größer der Zuwachs des Pfröpflings. Auf einem frei ausgepflanzten *C. peruvianus* kann ein haselnussgroßer Pfröpfling innerhalb von sechs Monaten die Größe eines Apfels erreichen. Bestens geeignet für Hochveredlungen von Kammformen sowie für Vertreter der Gattungen *Echi-*

nocereus, Haageocereus, Oreocereus, Hildewintera und weiterer peruanischer und chilenischer Kakteenarten.

Opuntia tomentosa

Die kräftigen Flachtriebe bilden wenige Dornen. Ihre Epidermis fühlt sich samtig an, daran ist sie leicht von der sonst sehr ähnlichen *O. ficus-indica* zu unterscheiden. Ebenfalls als Unterlage geeignet sind *O. bergeriana* mit gelben Dornen und *O. robusta* mit z. T. kreisrunden, blau bereiften Flachtrieben. Zum besseren Verwachsen veredeln Sie per Spaltpfropfung. Die Art ist als Unterlage für alle Vertreter der Unterfamilie Opuntioideae geeignet.

***Selenicereus* spec.**

Als Unterlage am besten geeignet sind gerade ausgereifte Triebspitzen von großen Mutterpflanzen. Sämlinge müssen erst drei bis vier Jahre wachsen, ehe die Triebe eine ausreichende Stabilität und Stärke bekommen. Die Bewurzelung macht keine Schwierigkeiten. Es können auch Teilstecklinge verwendet werden, solange die Triebe noch nicht verholzt sind. Die Pflanzen sind wärmeliebend und verlangen auch im Winter Temperaturen nicht unter 12°C. Das gilt natürlich auch, wenn schon darauf veredelt wurde. Zu beachten ist, dass *Selenicereus* auch im Winter gelegentlich gegossen werden muss. Die Art ist als Sämlingsunterlage und für kleine Pfröpflinge sehr gut geeignet. Bei niedriger Pfropfung kann die Unterlage nach Jahren unter der Erde verschwinden.

***Pereskiopsis porteri* (ehemals *P. spathulata*)**

Die Art wächst strauchig verzweigt. Die Triebe erreichen eine Stärke von kaum 1,5 cm Durchmesser und tragen dickfleischige, schmale Laubblätter, die bei Trockenheit abfallen. Um das zu verhindern, müssen die Pflanzen auch im Winter etwas Wasser bekommen und sollten nicht unter 12°C stehen. Diese Art ist eine hervorragende Unterlage für Sämlingsveredlungen sowie für Spaltpfropfungen von *Schlumbergera*.

Myrtillocactus geometrizens, Harrisia jusbertii, Trichocereus pasacana (von links nach rechts).

Krankheiten und Schädlinge an Kakteen

Wenn Kakteen richtig gepflegt werden, hat man im Allgemeinen keine Probleme mit Schädlingsbefall. Zur richtigen Pflege gehören vor allem ausreichend Licht, direkte Sonnenbestrahlung und viel frische Luft. Die nächtliche Abkühlung trägt ebenso zur Abhärtung der Pflanzen bei wie eine ausgewogene Wasserversorgung und eine bedarfsgerechte Düngung. Bei auftretendem Befall durch Schadpilze oder andere Schädlinge muss eine weitere Ausbreitung umgehend verhindert werden. Nötigenfalls müssen Sie befallene Pflanzen oder Pflanzenteile aus der Sammlung entfernen und entsorgen. Besondere Vorsicht ist bei Neuzugängen zur Sammlung geboten. Sie sollten über mehrere Wochen genau beobachtet werden.

Schadbilder und Gegenmaßnahmen auf einen Blick

Pilzliche Erkrankungen

■ **Fusarium-Fäule (*Fusarium oxysporum*)**
Symptome: Pflanze zeigt keinen Wuchs mehr und wirkt welk. Am Stammgrund werden Flecken mit samtartigen weißem oder lachsfarbenen Überzug sichtbar. Die Wurzeln sterben ab. Im Pflanzenquerschnitt sieht man eine rötlichbraune Verfärbung der Leitgefäße.

■ **Helminthosporium-Fäule (*Drechslera cactivora*)**
Symptome: Befall meist in der heißen Jahreszeit. Am Scheitel, gelegentlich auch am Stammgrund sind zunächst glasige Faulstellen sichtbar, die sich bald mit samtartig dunkelviolettem Belag überziehen und sich rasch ausbreiten. Typische Opfer sind *Echinocereus* und ganz junge Kakteensämlinge.
Maßnahmen in beiden Fällen: Befallene Pflanzen sind sofort aus dem Bestand zu entfernen. Reichlich lüften. Hohe Boden- und Luftfeuchtigkeit besonders in Verbindung mit hohen Temperaturen vermeiden Nicht bei sommerlicher Hitze gießen. Zwischen den Wassergaben Substrat abtrocknen lassen.

■ **Kartoffelfäule (*Phytophthora omnivora*)**
Symptome: Der Erreger wird durch das Substrat übertragen und greift die Pflanze über die Wurzel und die Pflanzenbasis an. Es bilden sich braune Faulstellen, die sich in der Pflanze von außen nicht sichtbar ausbreiten.
Maßnahmen: Frisches Substrat verwenden, gebrauchte Pflanzgefäße desinfizieren. Bei rechtzeitigem Erkennen (Stammgrund wird faulig und weich, Geruch nach faulen Kartoffeln) kann man den gesunden Teil der Pflanze abschneiden, notveredeln oder als Steckling behandeln. Es muss so hoch geschnitten werden, dass die Schnittfläche keine braunen Verfärbungen zeigt. Messer nach jedem Schnitt desinfizieren. Zum Schutz der noch gesunden Pflanzen zum Beispiel mit „AlietteWG“ (4 g in 2 l Wasser / m²) gießen. Nach 15 bis 30 Tagen die Behandlung wiederholen.

■ **Schimmelfäule (*Botrytis*-Arten)**
Symptome: Tritt bei hoher Luftfeuchtigkeit, mangelhafter Durchlüftung und unzureichendem Licht auf. Häufig werden saftige oder beim Gießen feucht gewordene Blütenreste zuerst befallen. Es bilden sich graue Sporenlager, die massenhaft Sporen produzieren. Gelangt das aus den Sporen auskeimende Pilzmyzel ins Pflanzeninnere, zersetzt es die Zellwände. Die Pflanze zerfließt im fortgeschrittenen Stadium in eine schleimige, übel riechende Masse.
Maßnahmen: Für ausreichende Belüftung sorgen. Pflanzen nicht zu dicht stellen. Gegebenenfalls Blütenreste vorsichtig entfernen. Vorbeugend und bei Befallsverdacht kann ein Präparat mit dem Wirkstoff Fenhexamid (z.B. „Teldor“) 0,2 %ig (2g / l Wasser) gespritzt werden.

Tierische Krankheitserreger

■ Wurzelläuse (*Rhizoecus cacticans* und andere Arten)

Symptom: Dieses nur 0,5 mm große, saugende Insekt umgibt sich mit Wachsausscheidungen und schützt sich wie die Wolllaus damit vor der Wirkung von Pflanzenschutzmitteln. Allerdings erkennt man den Befall durch die weiße Umhüllung schnell. Der Schädling saugt an den Wurzeln. Bei Massenauftreten kann er das Absterben der ganzen Pflanze verursachen.
Maßnahmen: Besonders günstige Bedingungen finden die Wurzelläuse im trockenen Substrat (Winterruhe). Deshalb im Frühjahr die Wurzeln kontrollieren. Bei starkem Befall den Wurzelballen auswaschen und anschließend für 20 Min. in eine Insektizidlösung stellen. Bei weniger starkem Befall mehrmals im Abstand von 8 bis 14 Tagen durchdringend mit einem Insektizid gießen. Wirkung kontrollieren!
Mittel mit dem Wirkstoff Dimethoat können gespritzt oder gegossen werden. Konzentration zum Spritzen maximal 0,2 %, zum Gießen oder Tauchen reichen 0,1 %. Ein Granulat mit dem Wirkstoff Acetamiprid ist zum Einmischen in die Topferde bestimmt. Der Einsatz empfiehlt sich beim Eintopfen nach der Tauchbehandlung. Aufwandmenge: 1,5 g / l Erde.

■ Spinnmilbe (*Tetranychus*)

Symptome: Erreger saugt besonders in Scheitelnähe die Zellen aus und zerstört das Chlorophyll. Die befallenen Stellen werden braun, später wird ein feines Gespinst sichtbar. Spinnmilben sind sehr klein und vermehren sich bei trockener Luft und Wärme sehr stark.
Maßnahmen: Bei Befallsdruck kann im Gewächshaus ein Schwefelverdampfer eingesetzt werden. Als chemische Mittel (Akarizide) haben sich Präparate mit dem Wirkstoff des Neembaumes (z.B. „NeemAzal“ oder „Schädlingsfrei Neem“) bewährt. Ebenso können Sie Präparate auf Mineralöl- (z.B. „Promanal“, Para Sommer“) oder Rapsölbasis (z.B. „Micula“, „Spruzit Schädlingsfrei“) ausbringen. Für dauerhaften Erfolg ist die Behandlung mindestens dreimal im Abstand von 10 bis 20 Tagen zu wiederholen.

■ Woll- und Schildläuse

Sie sind nahe miteinander verwandt und haben ähnliche Lebensweisen. Somit sind auch die Bekämpfungsmöglichkeiten identisch.
Symptome: Zunächst werden geschwächte Pflanzen befallen, erst bei großem Befallsdruck auch gesunde. Die Wolllausmuttertiere umgeben sich zum Schutz der heranwachsenden Nachkommen mit grauweißen Wachsausscheidungen. Bei den Schildläusen ist es ein tiegelförmiger Chitindeckel, unter dem die Jungtiere heranwachsen. Später verlassen sie, noch kaum sichtbar, ihr Versteck, sind nun frei beweglich und in der Lage, andere Pflanzen zu befallen. Spätestens, wenn sich ganze Kolonien gebildet haben, wird man auf den Befall aufmerksam.
Maßnahmen: Ist der Befall noch zu lokalisieren, werden befallene Stelle mittels Wattestäbchen mit Spiritus betupft. Der Spiritus löst die Wachsschicht auf und vernichtet die dann ungeschützten Schädlinge. Bei den Schildläusen müssen zuvor die an der Pflanze haftenden Deckel entfernen werden. Vorsicht, unter den Deckeln können sich schon voll entwickelte Jungtiere verbergen. Nach der Behandlung mit Spiritus sind die Pflanzen vorsichtig mit Wasser abzuspülen. Bei unzugänglichem Befallsherd empfiehlt sich ein gezieltes Spritzen mit feinem Strahl mit einem Paraffinölpräparat (z.B. „Elefanten-Sommeröl“ oder „Promanal“). Das Öl verklebt die Atmungsorgane und erstickt so die Schädlinge. Ist eine lokale Behandlung nicht mehr ausreichend, muss großflächig gespritzt werden. Als Mittel sind Präparate mit Rapsöl und Pyrethrine (z.B. „Spruzit Schädlingsfrei“) wirkungsvoll. Pyrethrine ist eine chemische Substanz, die das Nervensystem der Insekten lähmt. Da bei allen Maßnahmen die Insekteneier unversehrt blieben, sollten Sie die Behandlungen mehrmals im Abstand von 2 bis 3 Wochen wiederholen.

Kakteen im Porträt

Hier haben Sie die Möglichkeit, Ihre Kakteen anhand der Zeichnungen und Beschreibungen einer Gattung zuzuordnen. Erfahren Sie, unter welchen Bedingungen die Pflanzen am heimatlichen Standort wachsen und welche Pflegeansprüche sich daraus für Ihre Kakteen daheim ableiten lassen. Empfehlenswerte Arten und Sorten der Gattungen werden hier kurz und prägnant in Text und Bild vorgestellt.

Um das Suchen und Finden zu erleichtern, sind die Kakteengattungen und die zugehörigen empfehlenswerten Arten in der folgenden Übersicht nach äußeren Merkmale sortiert:

Zu welcher Gattung gehört mein Kaktus?

Die botanische Benennung der Kakteen ist etwas Dynamisches. Neue wissenschaftliche Erkenntnisse ziehen häufig Neuzuordnungen und Umbenennungen in der Nomenklatur nach sich. Nicht selten vertreten Botaniker unterschiedliche Ansichten. Deshalb wird in wissenschaftlichen Abhandlungen neben dem botanischen Namen auch der Name des Wissenschaftlers angegeben, der ihn veröffentlichte. Darauf wurde in diesem Buch verzichtet.

„Das große Kakteen-Lexikon" von Edward Anderson, 2005 erschienen beim Verlag Eugen Ulmer in deutscher Übersetzung und Bearbeitung von Urs Eggli, Sukkulentensammlung Zürich / CH, war Grundlage für die hier verwendete Nomenklatur. Wo es sinnvoll erschien, wurden noch gebräuchliche ältere Bezeichnungen in Klammern angegeben oder altbekannte Artnamen als „subsp." (= Unterart) genannt. Verständlichkeit stand hier vor wissenschaftlicher Korrektheit.

Beblätterte Strauchkakteen

Aussehen: Die Gattung *Pereskia* wächst strauchig verzweigt und klettert manchmal als Spreizklimmer in andere Gehölze. Die Pflanze entwickelt dünne, runde Triebe ohne Höcker oder Rippen, aber mit echten, glattrandigen, ledrigen, ausdauernden Laubblättern, die nur in Trockenzeiten abgeworfen werden. Damit würde man die Arten von *Pereskia* auf den ersten Blick gar nicht den Kakteen zuordnen. Ähnlich gestaltet sind lediglich die Arten von *Pereskiopsis*. Diese haben aber kleinere, etwas fleischige Blätter und in den Blattachseln Glochiden, weshalb sie der Unterfamilie der *Opuntia*-Gewächse zuzurechnen sind (siehe Seite 58 / 59). Die Arten von *Pereskia* entwickeln keine Glochiden, die Blüten sind wie bei anderen Kakteen aufgebaut und in den Blattachseln findet man die für Kakteen charakteristischen Dornen tragenden Areolen (gestauchte Nebentriebe).

Heimat: Florida über Südmexiko, die Karibischen Inseln bis Uruguay und Nordargentinien. Das Klima der Verbreitungsgebiete ist tropisch, feuchtwarm ohne ausgeprägte Trockenzeit.

Pflege: Ganzjährig feucht (nicht nass!) halten, Temperaturen möglichst nicht unter 15°C fallen lassen.
Die sehr schönen Blüten werden in unseren Breiten nur sehr selten ausgebildet. Als Veredlungsunterlage für *Schlumbergera* wird gelegentlich *P. aculeata* verwendet. Diese Art ist hinsichtlich der Temperatur weniger anspruchsvoll und bildet im Laufe der Jahre einen stabilen, ausdauernden Stamm.

Die „Großfamilie" der Feigenkakteen

Systematik: Opuntioideae ist eine der drei Unterfamilien, in welche die Familie der Cactaceae untergliedert wird. Merkmale aller Vertreter der Opuntioideae:

→ Der Pflanzenkörper ist aus einzelnen Gliedern zusammengesetzt.

→ Die Areolen bilden Glochiden, also kurze, kaum sichtbare Dornen, die an der Spitze mit harpunenartigen Widerhaken ausgestattet sind. Sie lösen sich ganz leicht von der Pflanze und bleiben bei der geringsten Berührung in der Haut stecken, wo sie bei jeder Bewegung tiefer eindringen.

→ Im Neutrieb wird unter jeder Areole ein mehr oder weniger sichtbares Blattrudiment gebildet, das im weiteren Wachstum vertrocknet und abfällt.

→ Die Blüten sind einfach gebaut, ohne Blütenröhre und unterschiedliche Blütenblätter. Der Fruchtknoten ist mit Dornen und Glochiden besetzt.

Besondere Früchtchen

Steckt man die Früchte von *Opuntia* in die Erde, bilden sie Wurzeln und wachsen wie ein Sprosssteckling weiter (Proliferieren).

Aussehen:

- runde bis ovale Scheiben von unterschiedlicher Größe	Scheiben-*Opuntia* (*Opuntia* im engeren Sinne, werden heute in weitere Gattungen untergliedert)
- kugelrund, kartoffel- oder zapfenförmige, leicht abfallende, rotbraune bis graugrüne Triebe, Mitteldornen sind oft lang, flach, manchmal fehlend	*Tephrocactus*
- dünne Zweige oder dickzylindrische Triebe mit walzenförmigen Blattrudimenten am Neutrieb, die später abfallen	*Cylindropuntia*
Zweige mit dauerhaften, dicken, schmalen Blättern	*Pereskiopsis*

Scheiben-Opuntien

Heimat: Diese Kakteen verwilderten überall dort, wo sie eingeschleppt wurden und günstige Lebensbedingungen fanden. Unter den Scheiben-Opuntien gibt es wirklich winterharte Arten. Mit einem Verbreitungsgebiet, das bis Kanada reicht, markieren sie das nördlichste Vorkommen der Kakteen. Die großen, baumförmig wachsenden Arten stammen durchweg aus wärmeren Regionen wie den südlichen USA, Mexiko und Mittelamerika.

Pflege: Außer den winterharten Arten müssen *Opuntia* auf jeden Fall frostfrei überwintert werden. Den Sommer über können sie aber eine exotische Zierde für den Vorgarten sein. Einige Arten sind auch blühfreudig (*O. bergeriana*, *O. basilaris*). Überwinterungstemperaturen um 15°C benötigen die Arten von *Nopalea* und *Consolea* mit bis zu 50 cm langen „Ohren". Besonders auffällig ist *C. rubescens* mit dunkelkupferroten Trie-

Opuntia macrocentra

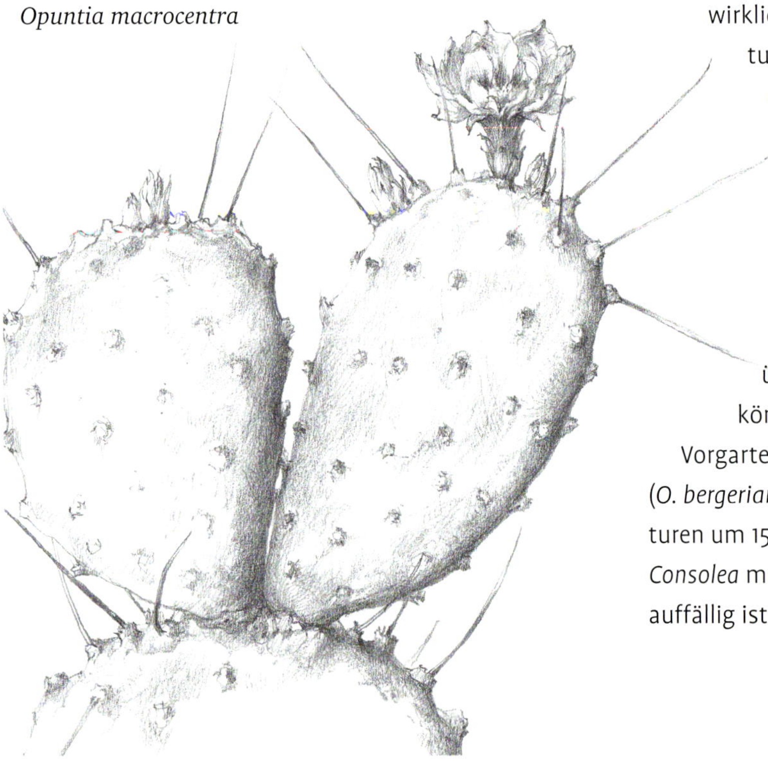

ben. Interessant sind auch die beiden Wuchsformen von *Brasilopuntia brasiliensis*. An einem zylindrischen, stark bedornten, bis 2 m hohen Stamm bildet sich eine Krone mit Ästen, bestehend aus nur wenigen Millimeter starken, hellgrünen Scheibengliedern.

Tephrocactus

Aussehen: Die knapp 0,5 m hohen Pflanzen setzen sich aus rundlichen, ei- oder zapfenförmigen, breithöckerigen, graugrünen Gliedern zusammen. Die einzelnen Glieder sind nur locker miteinander verwachsen.
Heimat: Andenregionen in Nordargentinien und Peru bis in 4000 m Höhe an felsigen Standorten.
Pflege: Das Pflanzsubstrat soll mineralisch, durchlässig, aber mit Lehmanteil als Nährstoffträger sein. Im Frühjahr und Sommer mögen *Tephrocactus*-Arten ein Maximum an Sonne und Wärme. Dabei sollten sie reichlich Feuchtigkeit erhalten. Bei fehlender Wasserversorgung stellen die Pflanzen das Wachstum ein. Dann muss man die Wassergaben bis auf ein Minimum reduzieren, damit die empfindlichen Wurzeln nicht gefährdet werden. Völlig austrocknen soll der Wurzelbereich aber selbst im Winter nicht.

Cylindropuntia

Aussehen: *Cylindropuntia* wachsen strauchförmig mit dünnen, bedornten Zweigen. Ihre Dornen sind am Fuß von einer pergamentartigen Scheide umgeben, an der Spitze mit harpunenartigen Widerhaken versehen. Sie verursachen beim Herausziehen aus der Haut starke Schmerzen. Allerdings wirken einige Arten gerade durch die Dornen sehr dekorativ (z.B. *C. bigelowii, C. tunicata*).
Heimat: Von den südlichen USA bis Mexiko. Einige Arten vertragen auch bei uns winterlichen Frost, benötigen aber einen Regenschutz (z.B. *C. bigelowii, C. viridiflora, C. vivipara, C. whipplei*).

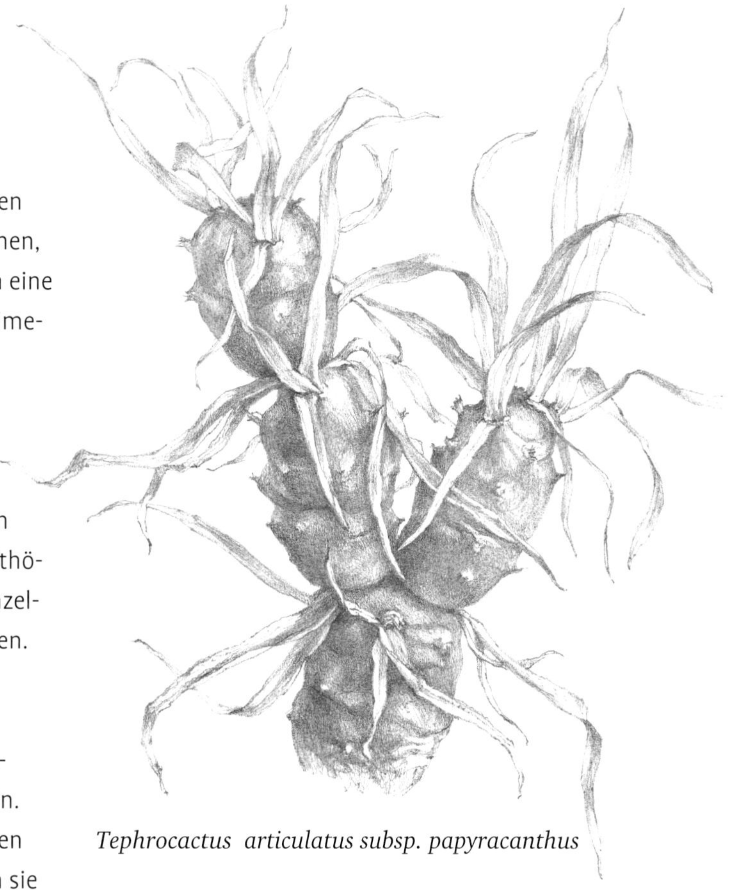

Tephrocactus articulatus subsp. papyracanthus

Pereskiopsis

Aussehen: Diese Gattung bildet einen bis bleistiftstarken, sich verzweigenden Stamm mit fleischigen Blättern, die bei Wassermangel abfallen. In den Blattachseln sitzen Areolen mit zum Teil langen geraden Dornen und Glochiden. *Pereskiopsis* ist vor allem als Sämlingsunterlage für Veredlungen bekannt.
Pflege: Die Pflanzen müssen zum Erhalt der Blätter ganzjährig feucht gehalten werden. Die Überwinterungstemperatur sollte nicht unter 12°C absinken.

Feigenkakteen – zum Essen gern!

Die Mexikaner ernten die Neutriebe der Opuntia ficus-indica als Viehfutter. Eingelegt als Gemüse oder kandiert als Konfekt werden sie für die menschliche Ernährung genutzt. Die Cochenille-Laus, eine nahe Verwandte der Wolllaus, entwickelt sich gut an den großen Scheiben der Opuntia. Die Läuse werden hier abgesammelt, um daraus roten Farbstoff für die Kosmetikindustrie zu gewinnen.

Die Baumbewohner unter den Kakteen

Systematik: Unter *Disocactus* (nicht zu verwechseln mit *Discocactus* S. 100ff.!) werden neuerdings zahlreiche, meist epipytisch wachsende Kakteenarten zusammengefasst, die früher verschiedenen Gattungen zugeordnet waren. Außerdem werden seit annähernd 200 Jahren Kreuzungen zwischen den Arten und mit Arten weiterer Gattungen vorgenommen. So hat man neben den Wildarten noch eine Vielzahl an Sorten. Da es sich teilweise um Gattungshybriden handelt, ist eine eindeutige Zuordnung zu einer Gattung nicht möglich. Deshalb hat man die Bezeichnung „Epikaktus" eingeführt. Dazu zählen unter anderem die flachtriebigen Blattkakteen mit ihren zahllosen Hybriden und Sorten. Auch die Arten und Hybriden der ehemaligen Gattung *Aporocactus* werden heute zu *Disocactus* gestellt.

Epikaktus

Aussehen: Epikakteen wachsen strauchig mit von der Basis verzweigten Trieben. Frischgrüne, flache, auch drei-, selten vierkantige Triebe, die 0,5 – 1 cm dick und 3 – 15 cm breit sind. Sie können über 1 m lang werden. Zentral verläuft ein verholzender Mittelnerv, der dem Trieb Stabilität gibt. Die Ränder des Triebes können glatt, gebuchtet oder gekerbt sein. In den Vertiefungen sitzen die Areolen. Bei den Wildformen sind sie dornenlos, bei Hybriden häufig mit Borsten oder kurzen Dornen besetzt. Die kelchförmigen, großen Blüten entwickeln sich meist am oberen Teil ausgereifter vorjähriger Triebe. Die zahllosen Sorten unterscheiden sich vorrangig in Blütenfarbe, -form und -größe. Fruchtknoten und Kelch tragen nur einige Schuppen und sind sonst kahl.

Heimat: Die Heimat der *Disocactus*-Arten ist vorwiegend Mexiko, Mittelamerika und das nördliche Südamerika. Die Pflanzen wachsen epiphytisch, das heißt in Humusansammlungen auf Bäumen, in Astgabeln oder auch Totholz. Sie entziehen der Pflanze weder Wasser noch Nährstoffe.

Pflege: Allgemein wird für eine erfolgreiche Kultur der Wildformen eine hohe Luftfeuchtigkeit bei ganzjäh-

Blühfaul?

Will eine Sorte keine Blüten ansetzen, können Sie durch Kappen der Triebspitzen um 1 – 2 cm im zeitigen Frühjahr einen „Saftstau" im Trieb erzeugen. Damit wird die Entwicklung der Blütenknospen gefördert. Wichtig ist, diese Maßnahme wirklich bei Wachstumsbeginn auszuführen.

Disocactus-Hybride

Disocactus (Aporocactus) 'Knebelii'

rigen Temperaturen zwischen 15 und 20°C benötigt. Im Sommer lieben Blattkakteen viel frische Luft und etwas Halbschatten. Das Pflanzsubstrat soll humos und nährstoffreich sein. Die Pflanzen halten so gut wie keine Winterruhe, werden also auch im Winter etwas gegossen. Die Ansprüche der Hybriden weichen hiervon ab: Sie sind durch das Einkreuzen von „Steppenkakteen" viel genügsamer. Im Winter halten sie eine Wachstumsruhe und kommen in der Regel mit Überwinterungstemperaturen von 10°C zurecht. Den Sommer verbringen sie am besten im Freien, unter Bäumen aufgehängt. Hier haben sie Luftbewegung und Halbschatten. Nur wenn die natürlichen Niederschläge nicht ausreichen, muss zusätzlich gegossen werden. Das Pflanzsubstrat soll nährstoffreich, humos und strukturstabil sein. Rindenkompost und Torf bilden die Hauptbestandteile. Etwa 20 % grober Blähschiefer garantiert für lange Zeit eine lockere Struktur. Bis 10 % nährstoffreiche Gartenerde sowie 5 – 10 g Hornspäne und 3 g Volldünger je Liter Substrat sind eine solide Basis für die Ernährung. Der Zuwachs bei Blattkakteen kann 20 – 50 cm im Jahr betragen. Dadurch wird ein Rückschnitt von Zeit zu Zeit notwendig, am besten im Sommer nach der Blüte. Zu lang gewordene Triebe mit mehreren „abgeblühten" Areolen schneiden Sie heraus. Von der Pflanzenbasis her sollen sich immer neue, kräftige Triebe bilden.

Aporocactus

Aussehen: Die Gattung wächst von der Basis verzweigt, mit schlanken Trieben (1 – 1,5 cm Durchmesser), mit 7 – 15 flachen, höckerigen Rippen, die mehr oder weniger bedornt sind. Die Triebe wachsen hängend oder kriechend und können mehrere Meter lang werden. Blüten erscheinen im zeitigen Frühjahr vorwiegend am ausgereiften Triebende. Sie sind schmal, bis 10 cm lang, etwas schiefsaumig, violettrosa bis rot. Der runde Fruchtknoten trägt Borsten. Durch das Einkreuzen anderer Arten wurden Sorten mit größeren Blüten in einem beachtlichen Farbspektrum erzielt. Aufgrund des hängenden Wuchses eignen sich Arten und Sorten von *Aporocactus* bestens als Ampelpflanze.

Pflege: Wie bei Epikaktus beschrieben.

Was sind Arten, Hybriden, Sorten?

Die **Art** bildet eine natürliche Abstammungsgemeinschaft mit gleichen Eigenschaften, die sich in mehreren erblichen Merkmalen von anderen Arten unterscheidet. Werden durch Kreuzung (Pollenübertragung von zwei verschiedenen Arten) Nachkommen erzielt, sind dies **Hybriden**. Das kann in der Natur zufällig oder in Kultur gezielt durch Bestäubung geschehen. Eine **Sorte** entsteht durch die zielgerichtete Tätigkeit eines Züchters, der entsprechend seiner Zuchtziele Kreuzungspartner auswählt und die Nachkommen selektiert. Oft geht dieses Verfahren über mehrere Generationen und dauert viele Jahre, bis am Ende eine neue Sorte mit einem Sortennamen versehen werden kann.

Blattkakteen im Porträt

Epikaktus 'Festgeschenk'

Aufbauend auf die von Bornemann gezüchteten Hybriden und unter Verwendung von *Nopalxochia phyllantoides* begann Walther Haage 1922 mit eigenen Kreuzungen. Anlässlich des 125-jährigen Firmenjubiläums seiner Gärtnerei 1947 bekam die Sorte 'Festgeschenk' ihren Namen. Die Blütezeit von Epikakteen reicht von März bis Juni.

Epikaktus 'Frühlingstraum'

Der jahrzehntelangen systematischen und zielstrebigen Zuchtarbeit Kurt Petersens ist es zu verdanken, dass durch Kreuzungen mit *Disocactus* eine Serie zart und sehr reich blühender Sorten entstand. Die verwendeten Sortennamen stehen alle in Bezug zum Frühling – Ausdruck der frischen, pastelligen Anmutung der Blüten.

Epikaktus 'Lina Paetz'

Helmut Paetzold aus Berlin vermehrt im Sommer immer mehr Epikakteen, als er im Winter in sein Gewächshaus bekommt. Dennoch behält er dank seiner akribisch genau geführten Kartei den Überblick. Bei seiner hier abgebildeten Sorte erkennt man auch ohne Blick in die Kartei das Erbgut der „Königin der Nacht“: schmale Petalen und breite Sepalen.

Epikaktus 'Deutsche Kaiserin'

Die mit Abstand älteste Epikaktus-Sorte! Die spanischen Eroberer fanden diese Kulturform bereits bei den Azteken. Die kräftig rosa blühende Pflanze wurde immer wieder als Kreuzungspartner verwendet. Leider vererbt sie neben der Blühfreudigkeit die negative Eigenschaft, bei ungünstigem, zu kühlem Stand schwarze Flecken zu bekommen.

Epikaktus 'Going Bananas'

Curt Knebel stellte mit seiner Sorte 'Deutschland' als erster Züchter eine bis zu den inneren Petalen kräftig gelb blühende Hybride vor. Inzwischen gibt es zahlreiche gelb blühende Sorten. Die Intensität der Farbe ist jedoch immer temperaturabhängig. Bei kühleren Temperaturen werden die Farben kräftiger.

Aporocactus flagelliformis

Hier handelt es sich um eine botanische Art, nicht um eine Sorte. Die Einbeziehung von *Aporocactus* zu *Disocactus* ist gemäß äußerer Merkmale nicht nachzuvollziehen. Berücksichtigt man aber die Kreuzungsfähigkeit der Arten von *Aporocactus*, *Epipyllum*, *Heliocereus* und *Nopalxochia* untereinander, wird die Entscheidung der Wissenschaftler verständlich.

Aporocactus 'Orange Queen'

Die erste Kreuzung mit *Aporocactus* wurde etwa zeitgleich zu denen mit Epikakteen ausgeführt. In der Folgezeit konzentrierte sich die Züchtung fast ausschließlich auf die Blattkakteen. Bis heute wurden einige tausend Sorten geschaffen. Dagegen ist die Sortenvielfalt bei *Aporocactus* noch sehr übersichtlich.

Aporocactus 'Fliedery Paetz'

Aus dem Jahr 1981 stammt die Kreuzung eines *Aporocactus* mit der Blattkaktus-Sorte 'Judith Paetz', die der Züchter Helmut Paetzold aus Berlin zunächst als 'Syringa' vorstellte. Ihr Wuchs ist dünntriebig-hängend. Die Blüte ist jedoch mit 10 cm Durchmesser eine der größten bei *Aporocactus* und sehr auffällig durch ihre intensiven Farben.

Kakteenblüten zu Ostern und zu Weihnachten

Hatiora-Hybride („Osterkaktus")

Der Osterkaktus (*Rhipsalidopsis*)

Aussehen: Osterkakteen wachsen strauchig, reich verzweigt, zunächst aufrecht und später überhängend. Die Triebe sind aus einzelnen, mattgrünen Gliedern aufgebaut. Diese sind flach, manchmal drei- bis fünfkantig mit Mittelnerv, 4–7 cm lang und etwa 2 cm breit. Die Ränder sind mehr oder weniger rötlich, an der Spitze eines jeden Gliedes sitzen gelbbräunliche Borsten. Die Blüten sind trichterförmig, rundsymmetrisch und ohne Blütenröhre. Bis zu drei gleichzeitig erscheinen an der Spitze der letzten Glieder eines Triebes. Die Arten der alten Gattung *Rhipsalidopsis* werden heute zu *Hatiora* gestellt. Der allgemein bekannte „Osterkaktus" entstammt der ursprünglichen Kreuzung von der scharlachrot blühenden *H. gaertneri* mit der kleingliedrigen, rosa blühenden *H. rosaea*. Das Ergebnis war die rosa blühende *H.* × *graeseri* (*Rhipsalidopsis graeseri*). Nach intensiver Zuchtarbeit können heute zahlreiche neue Sorten in einer umfangreichen Farbpalette geschaffen werden.

Heimat: Im Südosten von Brasilien in einer Nebelwald-Vegetation wächst *Hatiora* (Syn. *Rhipsalidopsis*) *rosaea* bis in 2000 m Höhe, wo im Winter gelegentlich Nachtfröste auftreten. *H. gaertneri* kommt nur in frostfreien Regionen in Höhen bis 1000 m vor.

Pflege: Osterkakteen benötigen zum Knospenansatz Winterruhe bei Temperaturen zwischen 5 und 10°C. In dieser Zeit bitte nur wenig gießen! Mit steigenden Temperaturen werden die Knospen sichtbar und der Wasserbedarf nimmt zu. Den Sommer verbringen die Pflanzen am besten an einem halbschattigen Platz im Freien. Bis Ende Oktober sollten Sie weiterhin regelmäßig gießen. Das ideale Pflanzsubstrat ist locker, humos und strukturstabil und enthält ausreichend Nährstoffe.

Der Weihnachtskaktus (*Schlumbergera*)

Bei diesem weit verbreiteten Winterblüher handelt es sich um Zuchtformen, hervorgegangen aus Kreuzungen verschiedener *Schlumbergera*-Arten und

Schlumbergera-Hybride („Weihnachtskaktus")

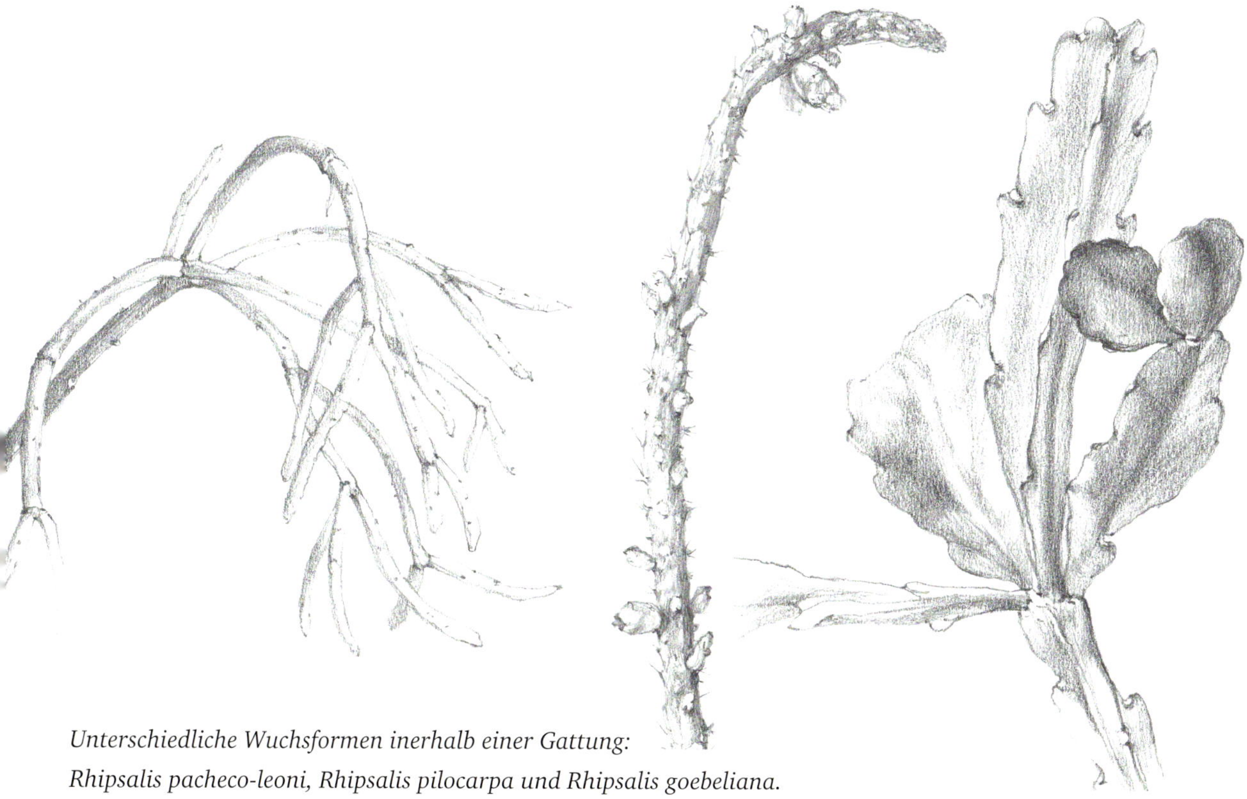

Unterschiedliche Wuchsformen inerhalb einer Gattung: Rhipsalis pacheco-leoni, Rhipsalis pilocarpa und Rhipsalis goebeliana.

Nachkommen spontan entstandener Mutationen. Die botanischen Arten sind in der Pflege anspruchsvoller als die Sorten.

Aussehen: Ähnlich wie beim Osterkaktus beschrieben. Die flachen Glieder können breiter werden, sind meist frischgrün und bilden am oberen Ende häufig zwei zipfelförmige Verlängerungen, aber keine Borsten. Da die Kulturführung von Weihnachtskakteen und Osterkakteen verschieden ist, sollte man die beiden Arten unterscheiden können:

Unterschiede zwischen Oster- und Weihnachtskaktus

	Glieder	Blüten
Osterkaktus	schlank, Ränder +/- rötlich, am Ende Borstenhaare	rundsymmetrisch, trichterförmig, ohne lange Röhre
Weihnachtskaktus	breiter, an Ende mit zwei Zipfeln, ohne Borsten	zygomorph, mit deutlicher Blütenröhre, Stempel und Staubgefäßen

Heimat: Die Vorfahren der Weihnachtskakteen stammen aus dem küstennahen Orgelgebirge im Südosten von Brasilien. Hier herrscht ganzjährig feuchtwarmes Klima.

Pflege: Weihnachtskakteen lieben im Sommer wie im Winter möglichst ausgeglichene Temperaturen um 20°C. Eine Temperaturabsenkung während der Ruhezeit von August bis September wird wohl kaum gelingen, aber die Wassergaben sollte man verringern. Das Pflanzsubstrat darf ebenso wie bei Osterkakteen beschaffen sein: humos, locker und nährstoffhaltig.

Der Korallenkaktus (*Rhipsalis* und *Lepismium*)

Aussehen: *Rhipsalis* und *Lepismium* bilden verschiedene Wuchsformen aus. Die zahlreichen Blüten sind klein, mit wenigen weißlichen bis rosa Blütenblättern.

Heimat: feuchtwarme Gebiete Mittel- und Südamerikas

Pflege: Anspruchslose Ampelpflanzen, die man auch im Winter regelmäßig gießt. Sie gedeihen in humoser, nährstoffreicher Erde. Gegen Ende des Sommers halten sie eine nicht sehr ausgeprägte Ruhezeit und blühen gewöhnlich im Winter.

Glieder- und Korallenkakteen im Porträt

Die Anfänge der Zuchtarbeit bei *Schlumbergera* datiert man auf 1840, als in der Gärtnerei Rollisson in Tooting bei London / GB die Wildarten *S. truncata* und *S. russeliana* erfolgreich miteinander gekreuzt wurden. Damals war die Schwierigkeit zu meistern, dass *S. truncata* gewöhnlich sechs Wochen früher blüht als *S. russeliana*. Der Beginn der Zuchtarbeit bei *Hatiora* (*Rhipsalidopsis*) liegt noch nicht ganz so lange

Schlumbergera 'Chiba Princess'

Schlumbergera 'Christmas Fantasy'

Schlumbergera 'Gold Charme'

Schlumbergera 'Lady Linda'

zurück. Zu Beginn der 1930er Jahre bestäubte Alfred Gräser aus Nürnberg *Rhipsalidopsis gaertneri* mit dem Pollen von *R. rosaea*. Die aus dieser Kreuzung entstandene Hybride wurde von Werdermann als *Rhipsalidopsis × graeseri* beschrieben. Weder Züchter noch Gärtner konnten sich zu ihrer Zeit vorstellen, welch rasante Entwicklung die Nachkommen ihrer Kreuzungen einmal nehmen würden!

Schlumbergera 'New Christmas'

Rhipsalis houlletiana

Hatiora 'Tricky Pink'

Hatiora 'Sirius'

Schlangenkakteen: schlanke Triebe, große Blüten

„Königin der Nacht" (*Selenicereus*)

Aussehen: Schlangenartig kletternder Wuchs mit langen, bis zu 5 cm starken Trieben, 4–10 Rippen und Luftwurzeln. An den Areolen sitzen nur wenige dünne, kurze Dornen. Die Blüten entstehen an ausgereiften Trieben. An kräftigen Pflanzen erreichen sie eine Größe bis zu 30 cm Durchmesser und 40 cm Länge! Es sind damit die größten Blüten im Kakteenreich. Sie öffnen sich an warmen Sommerabenden und blühen nur eine Nacht. Der Fruchtknoten und die kräftige Blütenröhre sind mit Schuppen, Dornen und Haaren besetzt. Die äußeren Blütenblätter sind schmal, gelblichbraun, abspreizend. Die inneren Blütenblätter sind breiter, strahlendweiß und stehen kelchförmig zusammen. Im Inneren der Blüte stehen zahlreiche Staubgefäße auf langen Staubfäden, die durch die lange Blütenröhre bis in den vorderen Blütenbereich ragen. Noch etwas länger ist der Stempel mit seiner viellappigen Narbe. Die Entwicklung vom Sichtbarwerden der graustruppigen Knospe bis zum Öffnen der Blüte dauert – je nach Temperatur – drei bis vier Wochen. Beginnt die lange, braune Knospe sich an der Spitze auseinander zu spreizen, kann man sicher sein, dass am Abend die Blüte aufgehen wird. Es ist immer wieder spannend zuzuschauen, wie die Sepalen ihre Umklammerung lösen und Stück für Stück die strahlend weißen, inneren Blütenblätter freigeben, die sich allmählich zu ihrer kelchförmigen Position formieren. Bis Mitternacht hat sich die Blüte dann zu ihrer vollen Schönheit entfaltet – daher ihr deutscher Name „Königin der Nacht".

Heimat: Vom Südosten der USA über Mexiko, Mittelamerika einschließlich der Karibik

Selenicereus „Königin der Nacht"

bis an die Nordküste Südamerikas. Die Vorkommen in Kolumbien, Uruguay und Argentinien lassen sich möglicherweise auf verwilderte „Kulturpflanzen“ indianischer Hochkulturen zurückführen.

Pflege: Die ganzjährig feuchtwarmen Klimaverhältnisse in den Heimatgebieten dürfen Sie nicht zu falschen Schlussfolgerungen für die Kultur hierzulande verleiten! In den Tropen gibt es keinen Wechsel zwischen den Jahreszeiten. Dagegen sind die Wintertage in unseren Breiten deutlich kürzer, außerdem ist die Sonnenscheinintensität viel geringer. Bei Temperaturen zwischen 12 und 15°C und geringen Wassergaben stellen die Pflanzen ihr Wachstum ein und treten in eine Winterruhe. Temperaturen unter 10°C über längere Zeit führen oft zu Kälteschäden bei *Selenicereus*-Arten. Im Frühjahr werden die Wassergaben allmählich gesteigert und gegebenenfalls auch mit einer Düngung gekoppelt. Für das weitere Wachstum benötigen Sie ein Gitter zum Befestigen der Triebe. Günstig ist ein halbschattiger Platz für den Sommer. Das Pflanzsubstrat soll humos, gut durchlässig und nährstoffreich sein. Blütenknospen entwickeln sich nur an ausgereiften, vorjährigen Triebabschnitten von mindestens Daumenstärke. Ähnlich wie bei Obstbäumen entstehen Knospen vorrangig an waagerechten Triebabschnitten, wohingegen senkrecht nach oben gerichtete Triebe bestrebt sind, ihr Längenwachstum fortzusetzen. Das Kappen der Triebspitze zu Vegetationsbeginn hat einen „Saftstau“ zur Folge, der die Knospenbildung fördert.

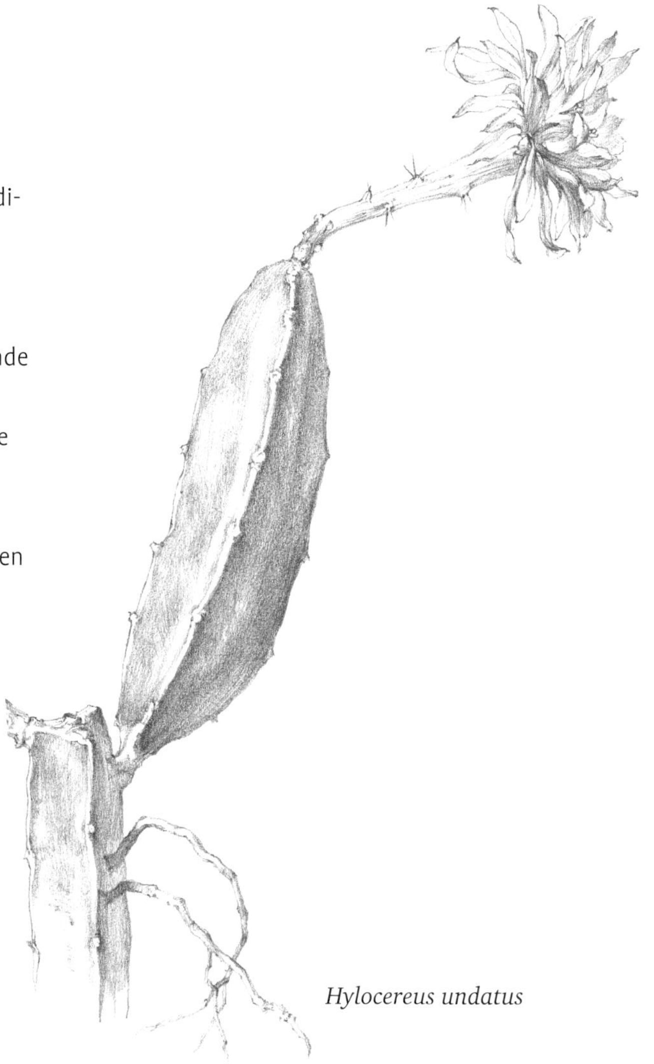

Hylocereus undatus

Hylocereus

Aussehen: Die dunkelgrünen, langen Triebe tragen drei bis fünf dünne, tiefe Rippen. In größeren Abständen sind sie bis auf den Mittelnerv eingeschnürt. Der oft korkige Rippenrücken trägt die kaum sichtbaren Areolen, häufig mit Luftwurzeln. Nur für eine Nacht öffnen sich die großen weißen Blüten und verströmen einen angenehmen Duft. Der Fruchtknoten hat große Schuppen, jedoch keine Borsten oder Dornen.

Heimat: wie *Selenicereus*

Pflege: Sie benötigen zum Ranken ein Klettergerüst, stets ausreichend Feuchtigkeit und Wärme. *Hylocereus* wird häufig als Veredlungsunterlage verwendet, besonders für chlorophylllose Formen von *Gymnocalycium*. Achtung, Temperaturen unter 10°C werden nur schlecht toleriert! Feuchtigkeit an kühlen Tagen führt oft schon zu Fäulnis.

Säulig wachsende Kakteen mit großer Trichterblüte

Cereus

Systematik: Schon vor Linné war der Name *Cereus* für bestimmte Kakteen verwendet worden. Linné teilte die zu seiner Zeit bekannten Kakteenarten in vier Sektionen ein: Die flachgliedrigen „Opuntiales", die kriechend wachsenden „Cerei repens", die gestreckt wachsenden „Cerei erecti" und die kugeligen „Echinomelocacti". Aus der Sektion „Cerei erecti" wurde die Gattung *Cereus* für alle säulig wachsenden Kakteen abgeleitet. Zu Beginn des 20. Jahrhunderts zogen die Botaniker verstärkt Blütenmerkmale zur Differenzierung der Gattungen heran. Entsprechend wurden auch die *Cereus*-Arten in zahlreiche neue Gattungen aufgeteilt, in neuerer Zeit jedoch teilweise wieder zusammengefasst. Eine generelle Überarbeitung der Gattung steht aber noch aus. Ganz allgemein spricht man auch noch heute von „Cereen", wenn man länglich in die Höhe wachsende Kakteen meint, ohne sie damit einer bestimmten Gattung zuzuordnen.

Aussehen: Säuliger Kakteenkörper mit deutlichen Rippen, der manchmal blau bereift ist. Ältere Pflanzen verzweigen sich strauch- oder baumförmig. Das Aussehen der Dornen ist sehr unterschiedlich. Erst ab einem gewissen Alter werden die trichterförmigen Blüten gebildet. Sie öffnen sich meist abends und blühen weiß bis rosa. Fruchtknoten und Röhre sind nackt, sie tragen außer einigen Schuppen weder Dornen noch Borsten. Die Blüten von *Cereus* sind oft schon im Laufe des folgenden Tages abgeblüht, färben sich sehr schnell schwarz und fallen nach einigen Tagen ab. Nur der lange Stempel bleibt bis zur Reife der Frucht erhalten.

Heimat: Östliches Südamerika und die Inseln in der Karibik. Dort wachsen sie oft gemeinsam mit regengrünen Gehölzen an Standorten mit kurzer Trockenzeit und gleichmäßig warmen Temperaturen, nur selten unter 10°C.

Pflege: Außer im Winter wollen *Cereus* gleichmäßig mit Wasser und Nährstoffen versorgt sein, sonnig und luftig stehen, gegebenenfalls mit Schutz vor Prallsonne im Hochsommer. Das Pflanzsubstrat soll durchlässig und nährstoffhaltig sein. Ein Humusgehalt von 30 % ist wünschenswert. Bei größeren Pflanzen empfiehlt sich die Zugabe von grobem Blähschiefer oder Lavalit sowie etwas Lehm, um den Pflanzen besseren Halt zu geben.

Cereus peruvianus

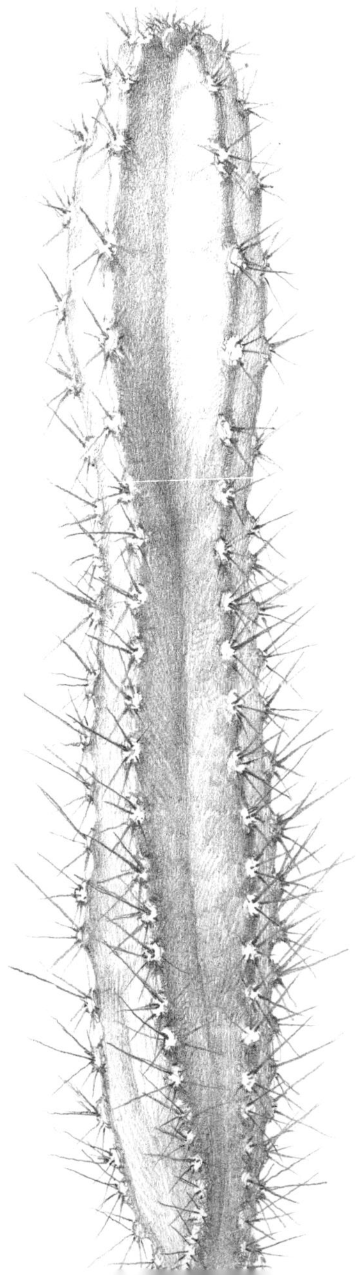

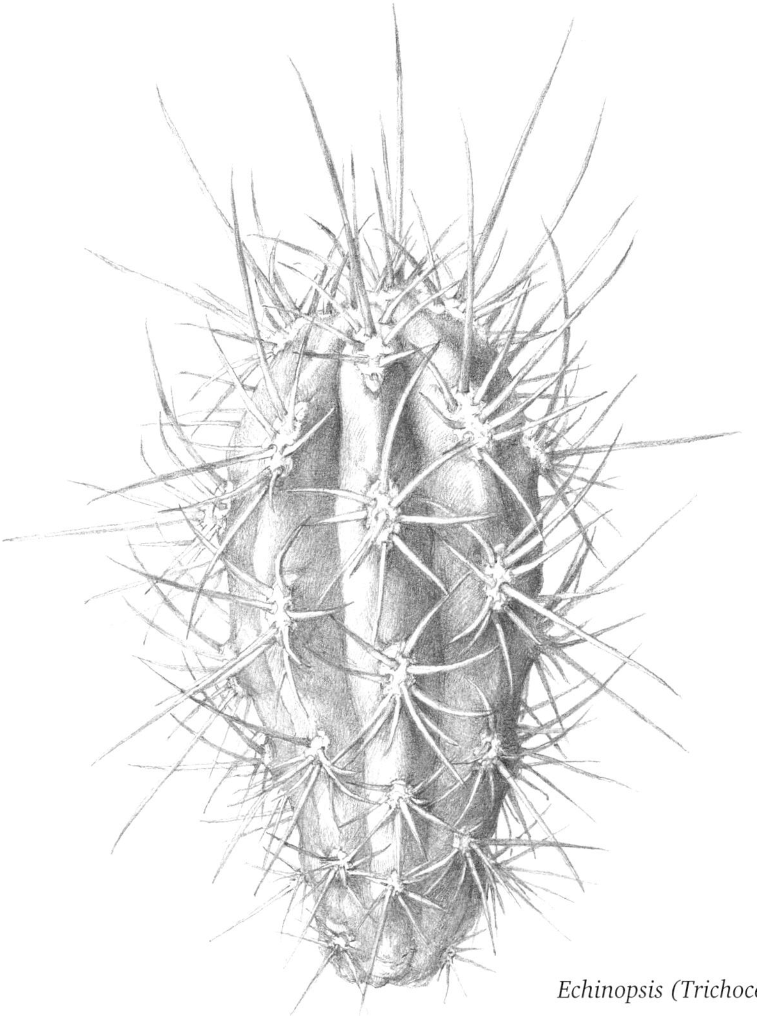

Echinopsis (Trichocereus) chiloensis

Säulig wachsende *Echinopsis*

Systematik: In der neuen Großgattung *Echinopsis* sind sehr viele unterschiedliche Arten zusammengefasst, unter anderem die der früheren Gattungen *Trichocereus* und *Helianthocereus*.

Aussehen: Diese Kakteen haben einen säuligen, meist aufrechten Wuchs und sind dabei mehr oder weniger verzweigt. Einige Arten können bis zu 10 m hoch werden, andere bleiben klein und bilden verzweigte Gruppen. Die Triebe bilden zahlreiche flache Rippen und weisen alle Übergänge von dick-zylindrisch bis schlank-säulig auf. Bei manchen Arten sind die Triebe von den gerade abstehenden Dornen dicht umgeben, manchmal werden auch Wollhaare oder Borsten gebildet. Seltener sind die Dornen ganz kurz und unscheinbar (*E. pachanoi*). Die Blüten tragen immer Schuppen, aus deren Achseln Borsten oder Wollhaare wachsen. Die weißen Blüten öffnen sich abends. Dagegen haben die Tagblüher, früher unter *Helianthocereus* geführt, große Blüten in kräftigen Farben von Violett über Rot und Orange bis Gelb.

Heimat: Südamerika, Andenregion von Ecuador bis Argentinien und Chile in unterschiedlichen Höhenlagen.

Pflege: Je nach Höhe des Heimatstandortes sind die Ansprüche an die Überwinterungstemperatur verschieden. Bei trockenem Stand tolerieren manche Arten sogar leichte Nachtfröste. Im Sommer stehen sie am liebsten unter freiem Himmel. Regelmäßige Wassergaben und gelegentliches Düngen danken sie durch Entwicklung ihrer wilden Schönheit der Dornen und zahlreicher Blüten. Da *Trichocereus*-Arten wüchsig und robust sind, werden sie auch gern als Veredlungsunterlage verwendet (*T. bridgesii, T. chiloensis, T. macrogonus, T. pachanoi, T. spachianus*).

Schlank wachsende, dicht bedornte Säulenkakteen

Haageocereus

Aussehen: Dicht bedornter, schlanker Säulenkaktus. Die Triebe haben 5–8 cm Durchmesser mit bis zu 30 Rippen. Alte Pflanzen können bis 2 m hoch werden. Häufig verzweigen sie sich an der Basis und bilden mehrtriebige Gruppen. Andere Arten wachsen eher kriechend (*H. australis, H. chalaensis, H. decumbens, H. icensis*). Sie eignen sich gut für die Kultur in Ampeln. Die zahlreichen, den gesamten Körper bedeckenden Dornen sind der eigentliche Schmuck der Pflanzen: Ihre Farbe reicht von Weiß über Gelb- und Ockertöne bis zu Schwarzbraun. Besonders beim Neutrieb zeigen die Dornen eine leuchtende Färbung. Deutlich unterscheiden sich die feineren kürzeren, zahlreichen Randdornen von den derben, langen Mitteldornen. Bei manchen Arten gibt es Übergänge von nadelfeinen Randdornen zu biegsamen Borsten (*H. australis, H. albispinus*). In Kultur erreichen die Mitteldornen meist nicht ihre natürliche Ausprägung, weshalb die Unterscheidung der Arten bei Kulturpflanzen recht schwierig ist. Die Areolen stehen eng beieinander. Teilweise werden an den Areolen auch zahlreiche Wollhaare gebildet (*H. lanugispinus, H. pseudomelanostele*). Auffällig filzig sind die Areolen bei *H. versicolor* (weiß), *H. vulpes* und bei *H. zangalensis* (braun). Der Fruchtknoten und die etwas fleischige Blütenröhre tragen zahlreiche Schuppen und Borstenhaare. Die Blüten können bis 10 cm lang werden und voll geöffnet einen Durchmesser von 6 cm erreichen. Als Nachtblüher sind sie innen weiß, aber außen von rötlichen, bräunlichen oder grünlichen Hüllblättern umgeben; nur *H. pseudomelanostele* var. *carminiflorus* blüht rot. Einige Arten verströmen einen angenehmen Duft (*H. australis, H. fascicularis, H. subtilispinus, H. vulpes*). Meistens öffnen sich die Blüten schon am späten Nachmittag und halten bis weit in den nächsten Tag.

Haageocereus versicolor

„Standortwechsel"

Eine interessante Art der „Fortbewegung" der Pflanzen kann man am Heimatstandort beobachten: Lange Triebe legen sich bogenförmig um, bis die Spitze wieder Kontakt mit der Erde hat. Dort treibt sie Wurzeln und wächst erneut in die Höhe (siehe Foto S. 76).

Heimat: *Haageocereus* wächst an den steil zum Pazifik hin abfallenden Andenhängen von Peru bis Nordchile. Das Vorkommen reicht vom Küstenstreifen bis in 2400 m Höhe. Einige Arten finden sich direkt in den Sanddünen der Küsten (*H. australis, H. tenuis*). Das Klima dort ist sehr trocken.

Pflege: In Kultur benötigen die *Haageocereus*-Arten während der Wachstumszeit eine regelmäßige Wasserversorgung. Für zügiges Wachstum ist Düngung mit geringem Stickstoffanteil besonders im Frühjahr wichtig. Im Sommer lieben *Haageocereus* einen vollsonnigen, luftig-warmen Stand. Von Ende Juli bis August halten sie eine Wachstumsruhe und wünschen entsprechend weniger Feuchtigkeit. Nach Ende der größten Sommerhitze erwachen sie zu einer zweiten Wachstumsphase, die manchmal erst im Dezember endet. Entsprechend sollten Sie die *Haageocereus*-Arten bis Winterbeginn nicht dursten lassen. Zur anschließenden Winterruhe wollen sie absolut trocken stehen bei Temperaturen zwischen 5 und 10°C. Als Pflanzsubstrat ist eine lockere, gut durchlässige Erdmischung mit einem Lehmanteil von 10–20 % geeignet.

Cleistocactus

Aussehen: Sehr schlanker, aufrechter Kakteenkörper mit 3–8 cm Durchmesser, der bis 3 m hoch werden kann, aber auch hängend wächst (*C. vulpis-cauda, C. colademononis, C. winteri*). Ältere Pflanzen verzweigen sich basal. Auf den zahlreichen runden, oft mit Querfurchen versehenen Rippen sitzen die Areolen dicht beieinander. Sie tragen mehr oder weniger zahlreiche, nadelige Dornen, manchmal auch Borstenhaare. Charakteristisch sind die schmalröhrigen Blüten. Im oberen Triebteil erscheinen sie auf der dem Licht zugewandten Seite. Sie sind kräftig rot, orange, gelb bis smaragdgrün. Fruchtknoten und Blütenröhre sind mit zahlreichen Schuppen, teilweise auch mit Wollhaaren besetzt. Gelegentlich ist die Blütenröhre über dem Fruchtknoten gebogen oder abgewinkelt. Die Blütenblätter sind nur schmal und die Blüten öffnen sich kaum. Bei manchen Arten sind sie schiefsaumig.

Heimat: Gebirgsstandorte der Anden von Südecuador über Westbrasilien, Paraguay bis Nordargentinien in Höhenlagen von 500–3000 m.

Pflege: Wie für *Haageocereus* angegeben. *Cleistocactus* ist anspruchslos, viele Arten sind sehr dekorativ bedornt und erfreuen uns regelmäßig im Sommer mit ihren zahlreichen, kräftig gefärbten Blüten.

Cleistocactus strausii

Dick bis keulig wachsende Säulenkakteen

Pachycereus pringlei

Pachycereus

Aussehen: Ein dicksäuliger, baumförmiger Kaktus, der in der Heimat bis 25 m hoch werden kann. Die graugrünen Triebe haben deutliche, gerade Rippen ohne Höcker. Die Areolen stehen meist dicht, sind teilweise durch filzige Furchen miteinander verbunden und tragen derbe, gerade Dornen von unterschiedlicher Zahl und Länge. Die Blüten erscheinen in der Scheitelzone. Der dekorative Wert der Pflanzen liegt vor allem im Wuchs als Kontrast zu dem der kompakten Kugelkakteen. Die Bedornung kann beim Neutrieb sehr farbenprächtig sein.

Heimat: Sehr warme Standorte mit Steppenvegetation im Südwesten der USA sowie in Nordmexiko. Die Winter sind hier sehr trocken, größere Niederschlagsmengen fallen erst in der zweiten Jahreshälfte.
Pflege: Bei etwa 10°C trocken überwintern. Ab Ende März an sonnigen Tagen mit dem Gießen beginnen, zunächst mit großen Abständen, ab Mai häufiger und über den Sommer regelmäßig. Im Frühjahr kann zwei- bis dreimal im Gießwasser 0,2 bis 0,3 % Kakteendünger gelöst werden (2–3 g / l). Ab September werden die Wassergaben seltener und im November ganz eingestellt. Als Pflanzsubstrat verwenden Sie eine normale Kakteenerde, der bei großen Säulen etwa 10 % grobes Lavalit oder Blähschiefer beimischt wird, um den Pflanzen besseren Halt zu geben und die Struktur zu stabilisieren.

Espostoa melanostele

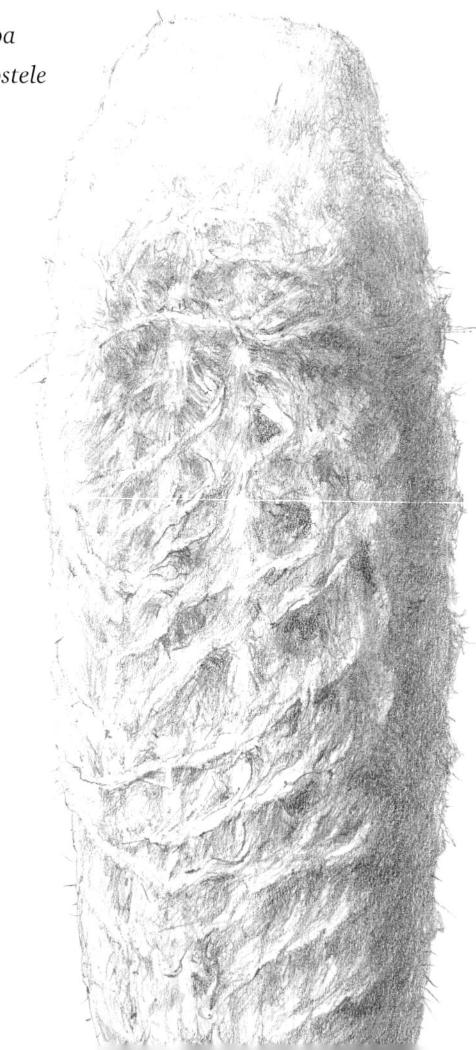

Espostoa

Aussehen: Die Triebe dieses Säulenkaktus' bilden 20 und mehr Rippen, die durch Querfurchen gegliedert sind. Ihre Areolen tragen nadelige, biegsame Dornen und weiße Haare, die den gesamten Körper wie eine Seidenraupenpuppe einhüllen. Schon junge Pflanzen sehen dadurch sehr dekorativ aus. Im blühfähigen Alter entwickelt sich ein einseitiges Rippencephalium.
Heimat: Nordekuador bis Peru, auf Hochebenen und an steilen Hängen der Flusstäler der Kordilleren. Infolge der Höhenlage wird es nachts empfindlich kalt, tags brennt die Tropensonne erbarmungslos. So schützt der weiße „Wollmantel" die Pflanzen mal vor Kälte, mal vor intensiver Sonnenstrahlung. Die Niederschläge in der Region sind zwar reichlich, aber sonnenexponierte Hanglagen lassen das Wasser rasch ablaufen.
Pflege: Im Winter sollten Sie *Espostoa* nicht unter 10°C aufstellen und wegen der fehlenden Sonne unbedingt trocken halten; im Frühjahr und Sommer regelmäßig mit Wasser versorgen, allerdings bei starker sommerlicher Hitze mit dem Gießen auf trübes Wetter warten. Gießen Sie möglichst so, dass die feinen Haare nicht nass werden, damit sich keine unschönen Salzablagerungen bilden. Die Erde soll vorwiegend mineralisch und nährstoffreich sein.

Pilosocereus

Aussehen: Dieser im Alter baumförmig verzweigte Kaktus kann in der Natur bis 10 m hoch werden. Die Triebe sind graugrün, oft bläulich bereift, mit 3–30 deutlichen, geraden Rippen. Bei vielen Arten wachsen aus den Areolen der Scheitelzone silbergraue Borstenhaare, die dann die ganze Triebspitze einhüllen oder nur schwach die Rippen markieren. Häufig zeigen die Areolen der Blühzone besonders starke Haarentwicklung. Es entsteht ein Pseudocephalium. Die außen nackten Blüten sind sehr kompakt mit fleischigen Blütenblättern in Weiß- bis Rosatönen. Zahlreiche Staubblätter entwickeln viel Pollen, der den bestäubenden Fledermäusen als Nahrung dient.
Heimat: Nordwestmexiko, Mittelamerika, tropisches Südamerika an gleichmäßig warmen Standorten ohne ausgeprägte Trockenzeit.
Pflege: Im Winter nur sparsam gießen und nicht unter 12°C halten. Im Frühjahr und Sommer sind regelmäßige Wassergaben, gelegentlich auch mit etwas Dünger erforderlich. Das Topfsubstrat sollte nährstoffreich mit groben, mineralischen Bestandteilen sein.

Pilosocereus leucocephalus

Hängende, kletternde oder säulige Kakteen im Porträt

Selenicereus validus

Für Kakteenfreunde mit begrenztem Platz empfiehlt sich diese Art, ebenfalls eine „Königin der Nacht“. Sie entwickelt schon dreijährig die erste Blüte, die in Größe und Schönheit der von *S. grandiflorus* nicht nachsteht. Sie wächst kompakter und ist als Ampelpflanze bestens geeignet.

Cereus peruvianus hort.

C. peruvianus hort. wird seit über 300 Jahren in Europa kultiviert, stammt aber ganz sicher nicht aus Peru. Er wurde überhaupt nicht mehr in seiner Heimat gefunden und gilt deshalb als Gartenform (hort.).

Echinopsis huascha

Eine nicht so hoch hinausstrebende, an der Basis verzweigte Art mit schönen gelben bis braunen Dornen (Gattungsbeschreibung *Echinopsis*: S. 78/79). Reizvoll sind die großen, langröhrigen Blüten in Rot, Orange bis Gelb. Sie wurden früher zu *Helianthocereus* gerechnet. Sie entstammen dem argentinischen Vorgebirge der Anden in 500–2000 m Höhe.

Haageocereus repens

Er wächst in den Sanddünen von Chiles Küsten unter extremer Trockenheit. In Kultur bestechen die Vertreter von *Haageocereus* durch ihre farbige Bedornung. Bei vollsonnigem Sommerstand und zügiger Kultur kann auch in der Liebhabersammlung mit Blüten in der Scheitelzone gerechnet werden.

Cleistocactus flavescens

Nachdem die Art schon *C. flavescens* und *C. wendlandiorum* hieß, wurde sie jetzt zu *C. brookeae* gestellt. Ungeachtet dessen ist sie eine der schönsten *Cleistocactus*-Arten: dicht, nicht stechend, gelblich bedornt mit abgewinkelten, orangefarbenen Blüten.

Pachycereus pringlei

Die über 10 m hohen Triebe von *P. pringlei* gehören zu den markanten Erscheinungen der Halbwüsten von Nordwestmexiko. Schon als Jungpflanze vermitteln uns die dicken Säulen mit zahlreichen Rippen, die dicht mit grauen Dornen besetzt sind, etwas von der Wehrhaftigkeit dieser Art.

Espostoa nana

An trockenen Berghängen der Flusstäler von Nordperu und Südekuador sieht man die weißen Säulen von *Espostoa*. Schon als Sämling und Jungpflanze sind sie dicht von blütenweißen Wollhaaren umsponnen. *E. nana* wächst noch langsamer als *E. lanata*.

Pilosocereus glaucescens

Brasilien ist die Heimat vieler schöner Säulenkakteen. Sehr dekorativ sind die schlank wachsenden, blau bereiften *Pilosocereus*. Besonders beim Neutrieb bilden die Areolen grauweiße Wolle. Die Blüten sind breit und stabil, produzieren viel Pollen und werden von Fledermäusen bestäubt.

Kugelkakteen mit bewollten Trichterblüten

Echinopsis (im ursprünglichen Sinne)

Aussehen: Der mittelgroße, kugelige Körper kann im Alter bis 1 m hoch werden. Er hat 8 – 30 durchgehende Rippen ohne Scheitelwolle. Die Dornen können kräftig ausgeprägt bis fehlend sein. Die weißen bis violettrosa Blüten mit langer, beschuppter und wolliger Blütenröhre öffnen sich abends und sind im Laufe des folgenden Tages abgeblüht.

Heimat: Im Hügelland von Südbrasilien, Uruguay, Paraguay bis Argentinien in gemäßigtem Klima.

Pflege: Im Winter bei 8 – 10 °C und nicht ganz trocken aufstellen. Im Sommer sind die Pflanzen gern an der frischen Luft im Halbschatten und lieben regelmäßige Wassergaben. Als Pflanzsubstrat eignet sich eine nährstoffreiche, aber durchlässige Erdmischung.

Echinopsis tubiflora

Systematik: Unter *Echinopsis* werden heute zahlreiche Arten von sehr unterschiedlichem Äußerem zusammengefasst. Für die frühere, differenzierte Untergliederung waren auch die Heimatstandorte maßgebend. Somit konnten die Arten einer Gattung auch den entsprechenden Pflegeansprüchen zugeordnet werden. Deshalb finden hier die älteren Gattungsbezeichnungen Verwendung.

Echinopsis (Lobivia) marsoneri subsp. rubescens

Lobivia

Aussehen: Kugeliger bis kurzzylindrischer Kaktus mit zahlreichen höckerigen Rippen. Die Dornen können kurz anliegend, den Pflanzenkörper bedeckend oder locker, bis 8 cm lang, manchmal als hakig gebogene Mitteldornen ausgebildet sein. Die Blütenfarbe reicht von gelb über orange bis rot, oft mit dunklem Schlund und öffnet sich vormittags. Die Röhre ist nur kurz und behaart. Blütenfarbe und Bedornung sind auch innerhalb einer Art sehr variabel.
Heimat: Andenregion von Bolivien, aber auch in Argentinien und Peru in 3000 bis über 4000 m Höhe.
Pflege: Bei ausreichender Abhärtung und trockenem Winterstand vertragen viele *Lobivia*-Arten auch einige Frostgrade. Ihr Winterschlaf macht sie so anspruchslos, dass sie notfalls von November bis März im Dunkeln stehen können. Den Sommer möchten sie unter freien Himmel verbringen. Wie gut es ihnen dann geht, sehen Sie bald an den neu gewachsenen Dornen und der reichen Blütenpracht. Sie bevorzugen grobes, durchlässiges, rein mineralisches Pflanzsubstrat.

Pseudolobivia

Aussehen: Flachkugeliger Körper mit deutlichen, durchgehenden Rippen. Die kräftigen Dornen unterscheiden sich in Rand- und Mitteldornen. Die Blüten mit langer, behaarter Röhre öffnen sich am Tag, neben Weiß auch in kräftigem Gelb, Rot oder Violett.
Heimat: Im östlichen Andenvorland in 2000 – 3000 m Höhe.
Pflege: Zur Überwinterung sind 5°C ausreichend. Von November bis Januar nicht gießen! Den Sommer über gedeihen sie gut bei voller Sonne, frischer Luft und regelmäßiger Wasserversorgung. Gewächshaushitze mögen sie dann nicht. Sie sind leicht zu pflegen und erfreuen uns alljährlich mit ihren großen, farbenprächtigen Trichterblüten.

Echinopsis chamaecereus (Chamaecereus silvestrii)

Chamaecereus

Systematik: Wegen der stark abweichenden Wuchsform wurde für die Art *C. silvestrii* eine eigene Gattung beschrieben. Nun wurde die Art zu *Echinopsis* gestellt.
Aussehen: Fingerlange, bis 3 cm dicke Triebe, die von der Basis her reich sprossen. Die 6 – 8 flachen, durchlaufenden Rippen tragen feine, nur 0,2 – 0,3 cm lange Dornen. Trichterförmige, leuchtend zinnoberrote Blüten öffnen sich bis 3 cm weit.
Heimat: Nordargentinien bis in 3000 m Höhe.
Pflege: Wie für *Lobivia* beschrieben. Das Topfsubstrat sollte nährstoffreich sein, mit groben, mineralischen Bestandteilen, die für Durchlässigkeit sorgen. Die Wassergaben im Frühjahr und Sommer können etwas reichlicher bemessen sein als für *Lobivia*.

Echinopsis-Hybriden

Zwischen den Arten der hier beschriebenen Gattungen gibt es wunderschön blühende Kreuzungen, die zum Teil auch mit Sortennamen gehandelt werden.

Echinopsis- und *Chamaecereus*-Hybriden im Porträt

Echinopsis-Hybriden

Blühender Mutterpflanzen-Bestand bei Kakteen-Haage. Kräftige Pflanzen bringen im Jahr drei bis fünf Blütenschübe. Interessant zu beobachten, dass sich in der Regel die Blüten gleichzeitig öffnen. Nur ganz selten blüht einmal eine Pflanze einzeln.

Echinopsis-Hybride 'Embraceable You'

Eine Paramount-Hybride des Züchters H. Jonson. Die kräftige Blütenröhre und die geringe Bedornung der Pflanze verrät die Erbmasse der Tiefland-*Echinopsis*. Vertreter dieser Hybridengruppe möchten im Winter nicht unter 8°C stehen und im Sommer etwas Sonnenschutz haben.

Echinopsis-Hybride 'Krakatoa'

Blütenform und -farbe deuten auf eine Hybride mit *E. mamillosa* var. *kermesina* hin. Nachkommen mit diesem Kreuzungspartner lassen sich nur schwer vermehren, da sie kaum Kindel bilden.

Echinopsis-Hybride 'Belissima'

Sie entstammt der Serie der „Rheingold-Hybriden" vom Züchter Dr. Stauch. Die Hybriden dieser Serie entstanden in Zusammenarbeit mit R. Bechtold aus dem Rheingau.

Hildewintera × *Echinopsis*-Hybride 'Badisch Gold'

Diese Sorte wurde von Andreas Wessner gezüchtet. Das Ausgangsmaterial war eine Kreuzung von *Hildewintera* (heute *Cleistocactus winteri*) mit der legendären, rosa blühenden Varietät *Echinopsis eyriesii* var. *grandiflora*.

Chamaecereus-Hybride 'Pauline'

Die ausgesprochen kleinwüchsige Sorte 'Pauline' macht an Blütenmenge wieder wett, was sie an Größe vermissen lässt. Ihre sich weit öffnenden Blüten erscheinen kurz hintereinander. Das kräftige Violettrosa fällt sofort auf.

Chamaecereus-Hybride 'Diamant'

Dem Kakteenfreund Wilfried Richter aus Schönebeck gelang als Hobbyzüchter ein besonderer Coup: Von ihm stammen neben der reinweiß blühenden 'Diamant' auch die leuchtend gelb blühende Sorte 'Gold Topas'.

Chamaecereus-Hybride 'Hilde Rauh'

Die größten Blüten unter den *Chamaecereus*-Hybriden entwickelt wohl die Sorte 'Hilde Rauh'. Mit einem lodernden Rot sticht sie alle Blüten in ihrer Umgebung aus. Aber auch der Pflanzenkörper mit dicken Trieben und dunkelbrauner Bedornung ist äußerst attraktiv.

Die Zwerge unter den Kugelkakteen

Systematik: In der Gattung *Rebutia* sind heute alle Arten der früheren Gattungen *Rebutia, Aylostera* und *Mediolobivia* vereinigt. Da sich hinsichtlich ihrer Verbreitung und der daraus abzuleitenden Pflege keine gravierenden Unterschiede ergeben, werden sie hier entsprechend der neuen Nomenklatur unter *Rebutia* beschrieben.

Aussehen: Die klein bleibenden, flachkugeligen oder kurzzylindrischen Pflanzen sprossen häufig reich und bilden Gruppen. Zehn und mehr unauffällige Rippen, häufig in spiralig angeordnete kleine Höcker aufgelöst, bilden die Körperoberfläche. Die Dornen sind nur kurz, borstig und biegsam; sie bedecken nicht immer den Pflanzenkörper. Die Knospen werden oft dicht über der Erde gebildet und erscheinen im zeitigen Frühjahr. Voll entfaltet sind sie trompetenförmig mit langer, dünner Röhre. Die Blütenfarbe reicht von leuchtendem Rot über Gelb, Orange oder Rosa bis hin zu Weiß. Schon im zweiten Jahr nach der Aussaat beginnen viele Arten zu blühen. Nicht selten sind die Blüten dann doppelt so groß wie die Pflanze! Bei älteren Exemplaren stehen die Blüten im Kranz um die ganze Pflanze und entfachen ein wahres Feuerwerk. Sie öffnen sich morgens und schließen sich am Nachmittag, um sich am nächsten Tag erneut zu öffnen. Je nach Wetter halten die Blüten drei bis fünf Tage. Kaum ist ein Flor abgeblüht, kann man oft schon nach wenigen Wochen den nächsten erwarten.

Heimat: Die zwischen beiden Andenketten gelegene Dornbuschpuna in Höhenlagen von 2000 – 4000 m, von Bolivien bis Nordargentinien. *Rebutia* & Co. wachsen hier in Felsspalten und Geröll. Im Vorkommensgebiet ist es im Winter sehr trocken. Erst im Frühsommer fallen Niederschläge, die jedoch schnell ablaufen oder versickern. Aufgrund der Höhenlage ist das Klima sehr rau mit extremen Temperaturdifferenzen zwischen Tag und Nacht. Im Winter fallen die Temperaturen nachts regelmäßig unter 0°C, steigen am Tag aber wieder auf Werte über 20°C. Die Pflanzen sind intensiver Sonnenstrahlung ausgesetzt. Außer einzelnen Sträuchern und Horstgräsern gibt es kaum eine Begleitvegetation und somit fast keine Humusbildung.

Pflege: In unseren Breiten sind die ersten Knospen oft schon im März sichtbar, dennoch benötigen *Rebutia* zu dieser Zeit noch keine Wassergaben. Wenn Sie nach der Winterruhe zu früh gießen, führt dies leicht zur Umbildung der Blütenknospen in Seitensprosse.

Rebutia marsoneri subsp. krainziana

Rebutia (Aylostera) fiebrigii subsp. muscula

Nach dunkler Überwinterung brauchen die Pflanzen eine allmähliche Gewöhnung ans Sonnenlicht. Ab Mai sollten sie unbedingt ins Freie. Hat man einen Frühbeetkasten mit aufgelegten Fenstern zur Verfügung, können die Pflanzen schon Ende März dieses Quartier beziehen. Bei mildem Wetter werden die Fenster über den Tag schon abgenommen.

Während der Blüte haben die Pflanzen viel Durst. Bei einsetzender Sommerhitze wird nicht mehr von oben gegossen. Dagegen ist wenig Wasser von unten den Pflanzen sehr willkommen. Bei trübem Wetter kann man dann wieder kräftig gießen, wenn die natürlichen Niederschläge nicht ausreichen. Etwas Vorsicht ist bei den Arten geboten, die eine Rübenwurzel ausbilden. Sie sind vorwiegend in der ehemaligen Gattung *Mediolobivia* zu finden. Zum Ende des Sommers werden die Wassergaben reduziert und Ende Oktober ganz eingestellt.

Für die Überwinterung ist ein trockener, kühler Platz geeignet. Das Licht spielt während der Wintermonate keine Rolle. Wenn *Rebutia*-Pflanzen kein Wasser bekommen und kühl bei Temperaturen zwischen 0 und 10°C stehen, sind im Folgejahr viele Blüten zu erwarten. Unter 0°C wie in ihrer Heimat vertragen sie in Ausnahmefällen auch, auf die Dauer ist aber die Luftfeuchtigkeit bei uns zu hoch.

Die Anpassungsfähigkeit von *Rebutia* ist so groß, dass sie sowohl in rein mineralischem Substrat wie auch in purem Torf gut wachsen. Trotzdem ist von einer zu humusreichen Erdmischung abzuraten. Ständige und reichliche Versorgung mit Wasser und Nährstoffen führt zwar zu schnellem Wachstum, aber die Pflanzen sind wenig abgehärtet und anfällig für Krankheiten und Schädlinge. Außerdem hält die Entwicklung der Dornen mit dem Zuwachs nicht Schritt, was unattraktive, oft deformierte Pflanzen zur Folge hat.

Aufgrund des reichen Blütenflors und der geringen Größe haben sich viele Kakteenfreunde den Arten dieser Gattung verschrieben.

Rebutia pygmaea (Mediolobivia haagei)

Schöne Zwergkakteen im Porträt

Rebutia flavistyla

Diese Art fällt besonders durch ihre leuchtend orangefarbenen Blüten auf. Der nur locker mit dünnen, kurzen Dornen besetzte Pflanzenkörper bleibt klein, bildet aber eine kurze, dicke Rübenwurzel. *R. flavistyla* gehört zu den „neueren" Arten. Sie wurde von F. Ritter in Südbolivien in der Central Cordillera in etwa 2000 m Höhe entdeckt und 1978 erstmalig beschrieben.

Rebutia 'Stirnadels Meisterstück'

Der Kakteengärtner Stirnadel hat diese Sorte vermutlich als weiß blühende Mutation ausgelesen und vermehrt. Die Pflanze ist selbststeril, deshalb konnte sie zunächst nur vegetativ vermehrt werden. Bei Kakteen-Haage wurde die Sorte mit der rosa blühenden *R. kariusiana* (heute zu *R. minuscula* gestellt) gekreuzt und weiß blühende Nachkommenschaft ausgelesen.

Rebutia 'Humkes Auslese'

Nicht selten sind es Kakteenfreunde, die durch ihre intensive Beschäftigung mit den Kakteen auffällige Abweichungen sehen und dann gezielt vermehren. Solche Überraschungen können zufällig entstanden sein (Mutation) oder aus gezielten Kreuzungsnachkommen ausgelesen werden. In der Regel sind solche Formen wie hier nur vegetativ weiter zu vermehren.

Rebutia albiflora

Die Einzelpflanze wird kaum größer als 2 cm, ist aber reich sprossend, so dass sich bald ein dichtes Polster bildet. Da jeder Spross auch Blüten bildet, ist solch ein Polster über und über bis in den Herbst hinein mit Blüten übersät. Die Einzelblüten halten sich relativ lange, weil sie ohne Bestäubungspartner keinen Samen ausbilden.

Rebutia espinosae

Lange Zeit erschöpfte sich die Farbpalette der *Rebutia*-Blüten in Rot und Gelb mit allen Abstufungen und Übergängen. Als man in den 1970er-Jahren zahlreiche neue Arten vor allem in der Central-Cordillera in Südperu entdeckte, wurde die Blütenpracht um ein zartes Violettrosa bereichert. Jungpflanzen sind empfindlich gegen Schadpilze. *R. narvaecensis* ist ein Synonym dieser Art.

Rebutia pygmaea

Die Arten der früheren Gattung *Mediolobivia* sind die kleinsten unter den Zwergkakteen. Ihre Körper sind mehr zylindrisch, werden aber kaum höher als 5 cm. Dafür bilden sie unter der Erde eine kräftige, oft verzweigte Rübenwurzel aus. Ihr Vorkommen in Südbolivien bis Nordargentinien reicht in Höhenlagen bis über 4000 m mit entsprechend intensiver Sonnenstrahlung, starker nächtlicher Abkühlung bis unter 0°C und extrem trockener Luft. *Mediolobivia haagei* ist ein Synonym dieser Art.

Kakteen mit nacktem Kelch, kleinen Früchten

Sulcorebutia

Systematik: Moderne Untersuchungsmethoden zur Entschlüsselung der Erbanlagen lassen darauf schließen, dass eine Unterteilung in *Sulcorebutia* und *Weingartia* nicht gerechtfertigt ist.

Aussehen: Der kugelige, kleine Körper sprosst reichlich. Die Rippen sind in spiralig angeordnete Höcker aufgelöst. Im Unterschied zu *Rebutia* sind die Areolen länglich und etwas filzig. Die Dornen sind unterschiedlich lang; die Randdornen liegen kammartig an, die Mitteldornen stehen – sofern vorhanden – ab. Die Blüten am unteren Körperteil sind trichterförmig, weit geöffnet und erreichen einen Durchmesser bis 5 cm. Fruchtknoten und Kelch besitzen keine Borstenhaare, nur einige Schuppen. Besonders auffällig sind die Blütenfarben: Neben kräftig gelben gibt es orange, leuchtend rote und vor allem magentafarbene Blüten, die man bei keiner anderen Kakteengattung findet. Auch geflammte Farbkombinationen kommen vor.

Heimat: Bolivien, Hochebene zwischen den beiden Andenketten, der Puna in 2000 bis 3000 m Höhe. Im Geröll oder in Felsspalten sitzend, decken sie ihren Wasserbedarf mit langen Pfahlwurzeln aus großer Tiefe. Die Standorte sind infolge der Höhenlage sowie der intensiven Sonneneinstrahlung durch große Temperaturdifferenzen zwischen Tag und Nacht gekennzeichnet.

Pflege: Im Winter halten Sie die Pflanzen kühl und trocken. Bei guter Abhärtung vertragen sie Temperaturen bis zur Frostgrenze. Mit dem Gießen im Frühjahr beginnen Sie erst, wenn die Blütenknospen gut entwickelt sind und Farbe zeigen. Dann gießen Sie bis zum Sommer regelmäßig. Beachten Sie auch hier: Durch Sonneneinstrahlung erhitzte Pflanzen dürfen nie von oben gegossen werden! Die Pflanzen benötigen viel frische Luft. Am liebsten stehen sie unter freiem Himmel vor dem Fenster oder im Garten. Hier ist nur etwas Schutz vor anhaltenden Regenfällen nötig. Direkte Sonnenbestrahlung und nächtliche Abkühlung sind für gutes Gedeihen und arttypische Ausbildung der Dornen sehr wichtig. Während der heißen Sommermonate Juni und Juli erwarten die Pflanzen keinen Regen von oben, aber im unteren Wurzelbereich sollten sie noch Feuchtigkeit finden. Nach der Sommerruhe setzt etwa ab Ende August eine zweite Wachstumsphase ein, die bis Ende September dauert. In der Zeit sind einige sparsame Wassergaben angebracht. *Sulcorebutia* bildet eine lange Rübenwurzel. Zum Topfen sind deshalb spezielle Rübenwurzlertöpfe sinnvoll. Als Pflanzsubstrat ist eine grob strukturierte, mineralische Mischung aus porösem Material wie Blähschiefer, Lavalit oder Ziegelsplitt mit einem geringen Lehm- und Torfanteil geeignet.

Die Pflanzen lassen sich durch Abtrennen der Kindel gut vermehren. Grundsätzlich ist auch die Aussaat möglich. Da die Samenausbeute auch bei gewissenhaftem Bestäuben nur sehr gering ausfällt – je Frucht werden nur wenige Samenkörner gebildet –, ist der Samen recht teuer und nicht immer zu haben. Außer-

Sulcorebutia arenacea subsp. candiae

Weingartia neocumingii

dem entstehen durch ungewollte, artfremde Pollenübertragung leicht Hybriden, die zwar auch sehr schön aussehen können, oft sogar leichter blühen, aber eben keine reine Art mehr sind.

Weingartia

Aussehen: Mittelgroßer, kugeliger bis kurzzylindrischer Körper mit buckligen Höckern, frischgrün bis bräunlichgrün gefärbt. Die weißfilzigen Areolen auf den Höckern sind etwas eingesenkt. Die Dornen von unterschiedlicher Länge sind kräftig, manchmal nach oben gebogen, aber nie hakig. Blüten erscheinen in mehreren Schüben im Kranz um den Scheitel, manchmal zu mehreren aus einer Areole. Sie werden nicht sehr groß, sind ebenso wie die Blüten von *Gymnocalycium* kurzröhrig mit nacktem Fruchtknoten, im Kelch von Schuppen umgeben. Die Blüten sind zitronengelb, tieforange (*W. neocumingii*), oder purpurviolett (*W. fidaiana*).

Heimat: Andenregion von Ostbolivien und Nordargentinien, im Grenzgebiet zu Chile.

Pflege: Im Winter kühl und trocken halten. Der Vegetationsbeginn im März oder Anfang April wird durch einige kräftige Wassergaben eingeleitet. Bis zum Sommer wird regelmäßig gegossen, wobei die nächste Wassergabe immer erst dann fällig wird, wenn wenigstens die obere Substratschicht wieder trocken ist. Wenn Sie beim Gießen die Pflanzen nicht nass machen (zum Beispiel durch Staubewässerung), werden Sie erleben, wie schön der Areolenfilz die Pflanzen schmückt. Während der heißen Sommermonate Juni und Juli halten die Pflanzen eine Sommerruhe und benötigen nur sehr sparsame Wassergaben. Ende August beginnt nochmals eine Wachstumszeit mit kräftigeren Wassergaben. Ab Oktober reduzieren Sie in Vorbereitung auf den Winter die Wassergaben. Das Pflanzsubstrat für *Weingartia* sollte grob strukturiert sein, aber auch einen gewissen Humusanteil aufweisen. Als langsam fließende Nährstoffquelle sind Gaben von Hornspänen und Thomaskali zu empfehlen. *Weingartia* ist etwas für den fortgeschrittenen Kakteensammler, der Freude an ausgefallenen Pflanzen hat.

Kakteen mit nacktem Kelch, großen Früchten

Gymnocalycium denudatum

Aussehen: Die Gattung *Gymnocalycium* besitzt flachkugelige, zuweilen fast scheibenförmige Körper. Viele Arten erreichen auch im Alter kaum Faustgröße, andere werden so groß wie ein Fußball. Die Körper haben fünf oder mehr meist flache, abgerundete Rippen mit typischen Querfurchen. Arten aus dem Formenkreis von *G. mihanovichii* bilden tiefe, scharfe Rippen mit sehr dekorativer „Zebrazeichnung". Die Farbe der Oberhaut ist häufig matt dunkelgraugrün, auch rotbraune Farbtöne kommen vor. Nur wenige Arten, zum Beispiel *G. denudatum* oder *G. horstii*, haben frischgrüne, glänzende Pflanzenkörper.
Die Areolen tragen Dornenpolster mit zur Pflanze gebogenen, runden, steifen Einzeldornen. Aber auch gerade abstehende Dornen wie bei *G. pungens* sind möglich. Die Farbe der Dornen ist meist grauweiß, zuweilen mit dunkler Spitze. Beim Neutrieb oder bei Feuchtigkeit erscheinen die Dornen in leuchtendem Bernsteingelb bis Rot. Nur bei wenigen Arten findet man eine dichte, den Pflanzenkörper bedeckende Bedornung (*G. bruchii*). Ohne die Blüten zu kennen, ist *Gymnocalycium* gelegentlich mit Vertretern anderer, flachkugelig wachsender Gattungen zu verwechseln (*Parodia crassigibba* und *P. uebelmanniana*). Sicher erkennt man *Gymnocalycium* an seinen Blüten mit dem nackten Fruchtknoten. Der trägt nur wenige große Schuppen mit hautigem Rand. Die beige- bis rosafarbenen Blüten erscheinen in Scheitelnähe von April bis September in mehreren Schüben. Es gibt auch gelb (*G. andreae*) und rot blühende Arten (*G. baldianum, G. carminanthum, G. tillianum*).
Heimat: Die trockenen Pampas von Südamerika, östlich der Kordilleren. Im Steppengras oder im Steingeröll wachsen unterschiedliche Arten von *Gymnocalycium* in weiten Teilen Argentiniens, Boliviens, Paraguays und Uruguays sowie im Gran Chaco in Südbrasilien. So verschieden die Heimatgebiete sind, so groß ist auch die Formenvielfalt dieser Gattung.
Pflege: Die meisten Arten von *Gymnocalycium* kommen auch mit einem absonnigen Platz zurecht. Das Pflanzsubstrat sollte leicht humos, sauer und gut wasserdurchlässig sein. Besonders die Arten mit Rübenwurzel sind sehr empfindlich gegen Staunässe. Andererseits muss eine minimale Wasserversorgung

von unten auch im Winter gewährleistet sein. Als Überwinterungstemperatur sind 8 – 12°C ausreichend. Einige Arten vertragen bei trockenem Stand sogar einige Frostgrade (*G. baldianum, G. andreae, G. gibbosum*). Während der Wachstumszeit müssen Sie regelmäßig gießen. Der Sommerstandort unter freiem Himmel ist dem gesunden Wuchs und dem Blütenansatz förderlich, aber nicht zwingend notwendig. Haben Sie die Möglichkeit, Ihre Pflanzen im Sommer ins Freie zu räumen, sollte Sie für die Eingewöhnungszeit und im Hochsommer eine Schattierung vorsehen.
Gymnocalycium stehen sehr hoch in der Sammlergunst. Sie werden nicht sehr groß, sind leicht zu pflegen und sehen schon ohne Blüten recht dekorativ aus. Viele Arten beginnen schon als zwei- bis dreijährige Jungpflanzen zu blühen. Artabhängig erscheinen vom zeitigen Frühjahr bis zum Ende des Sommers die Blüten in mehreren Schüben. Schon die Knospen mit den großen Schuppen wirken dekorativ – und nach der Blüte stellen die bläulich bereiften, bei manchen Arten sogar roten Samenbeeren einen lang anhaltenden Schmuck dar.

Von *Gymnocalyciom mihanovichii* verdient eine leuchtend rote Form besondere Erwähnung: Unter tausenden, eben gekeimten, normal grünen Sämlingen dieser Art entdeckte ein japanischer Gärtner zwei völlig rote Kügelchen. Er erkannte sofort den Wert dieser offenbar chlorophylllosen Sämlinge und veredelte die kaum stecknadelkopfgroßen Pflänzchen. So wurden sie durch die Unterlage ernährt und am Leben gehalten. Da die roten Köpfe reich sprossten, konnte diese Mutation erfolgreich vermehrt werden. Weitere Farbvarianten wurden gezüchtet und weltweit vertrieben. Als Veredlungsunterlage wird in der Regel der dreirippige *Hylocereus undatus* verwendet. Da diese Art aus den feuchtwarmen Gebieten Mittelamerikas stammt, müssen die Veredlungen auch entsprechend warm überwintert und regelmäßig gegossen werden.

Gymnocalycium mihanovichii

Gymnocalycium schickendantzii

Kugelkakteen mit nacktem Blütenkelch im Porträt

Sulcorebutia rauschii

Diese Art fällt besonders durch ihre braunviolette Körperfarbe auf. Die kurzen, anliegenden Dornen treten kaum in Erscheinung. Die Pflanzen wachsen in den bolivianischen Anden in 2700 m Höhe in Felsspalten und auf Schotterflächen. Deshalb sollen sie auch in Kultur ein grobes mineralisches Substrat erhalten.

Sulcorebutia arenacea

Eine der Größten unter den kleinen *Sulcorebutia*-Arten! Die Dornen sind kammartig gestellt und in Farbe und Länge sehr variabel. Sie können auch weißlich oder bräunlich sein. Die gelben Blüten erscheinen am unteren Teil der Pflanze.

Weingartia neocumingii

Die Heimat ist Bolivien, im Grenzgebiet zu Chile in den Anden in 2000–3000 m Höhe. Entsprechend benötigen sie für ihre gesunde Entwicklung viel Sonne und frische Luft und ein grobes mineralisches Substrat. Dann erwartet Sie eine Blütenpracht von bis zu drei Blüten je Areole rund um den Scheitel.

Weingartia trollii

Sie wurde im Jahre 1978 als Art beschrieben, gehört aber in die unmittelbare Verwandtschaft von *W. neocumingii*. Schon junge Pflanzen präsentieren Blüten in Ziegelrot bis sattem Orange.

Gymnocalycium carminanthum

Körper graugrün mit flachen, wulstigen Rippen und derben, zum Körper gebogenen Dornen. Eine der wenigen rot blühenden Arten von *Gymnocalycium*. Die Einzelblüte kann bis zu 6 cm im Durchmesser erreichen.

Gymnocalycium mihanovichii var. *friedrichii*

Eine klein bleibende Art, sie wird kaum größer als 5 cm. Die „Zebrastreifen" auf ihrem dunklen Körper verleihen der Pflanze einen besonderen Reiz. Die Art ist sehr variabel, entsprechend unterscheidet man zahlreiche Formen. Sie wächst im Grasland in Uruguay und Nordostargentinien.

Gymnocalycium monvillei var. *horridispinum*

Das „erschreckend" bedornte *Gymnocalycium* trägt sehr kräftige, aber schön symmetrisch angeordnete Dornen. Der Körper wird im Alter kurzzylindrisch. Auf den Rippen entstehen starke Kinnhöcker, zwischen denen die Areolen sitzen. Die Blüte ist weiß bis kräftig rosa.

Gymnocalycium pflanzii

Diese Art erreicht einen Durchmesser von 15 cm, bildet bis zu zehn wulstig gerundete Rippen mit ovalen, weißfilzigen Areolen. Alle Dornen sind bräunlich mit dunkler Spitze und rückwärts gebogen, später vergrauend. Die Blüten sind becherförmig, hellrosa mit dunkler Mitte.

Kakteen mit Höckerrippen, glänzenden Blüten

Systematik: Die Arten der bekannten Gattungen *Parodia, Notocactus, Eriocactus und Brasilicactus* fassen die Botaniker heute in der einen Gattung *Parodia* zusammen. Schon immer strittig war die Abgrenzung dieser Gattungen. Allerdings war die ältere Untergliederung übersichtlicher und Unterschiede in der Pflege ließen sich leichter den verschiedenen Gattungen zuordnen. Sie sollen hier deshalb als Untergattungen zur Einteilung der „Großgattung“ *Parodia* genannt werden.

Parodia (im herkömmlichen Sinne)

Aussehen: Der flachkugelige, manchmal auch kurzzylindrische Körper wird selten größer als 10 cm. Dornen bedecken den gesamten Körper. Die einzelnen Dornenpolster werden aus einem Kranz zahlreicher, feiner, grauweißer Randdornen und 3–6 derberen, auffällig gefärbten Mitteldornen gebildet. Ein Mitteldorn ist häufig spazierstockartig gekrümmt. Die Areolen sind mit einem Wollpolster versehen, das zum Scheitel hin deutlicher ausgeprägt ist. In der Scheitelzone bilden sich im Schutz der Areolenwolle die Blütenknospen. Sie öffnen sich weit und erreichen einen Durchmesser bis zu 5 cm in seidig glänzendem Rot, Orange oder Gelb.

Heimat: Nordargentinien und Peru, in der Trocken- und Dornbusch-Puna in Höhen bis 4000 m. Das Klima dort ist sehr rau und durch starke nächtliche Abkühlung gekennzeichnet. Die Winter sind trocken mit Nachttemperaturen häufig unter 0°C. Im Frühjahr fallen erst wenig, zum Sommer hin zunehmend mehr Niederschläge, allerdings als Starkregen, die schnell ablaufen und versickern. Die Temperaturen steigen am Tag auf über 30°C und fallen in der Nacht auch im Sommer bis nahe 0°C.

Parodia microsperma

Merkmale der Gattungen, die heute *Parodia* zugeordnet werden

Gattung	Wuchs	Areolen	Dornen	Blüten
Parodia	flachkugelig oder kurzzylindrisch, Rippen meist als Höckerreihen, Scheitel wollig	auf dem Rippenhöcker, wollig	zahlreiche, feine Randdornen und wenige, oft hakig gebogene Mitteldornen	seidig glänzend, rot, orange bis gelb
Notocactus	flachkugelig oder kurzzylindrisch, mit +/- deutlichen Rippen, Scheitel oft wollig	teilweise zwischen Rippenhöckern eingesenkt	schütter bis körperbedeckend, kurz und dicht bis lang borstig	meist gelb, selten rosa oder violettrot, immer mit purpurrotem Stempel
Eriocactus	säulig oder dickzylindrisch, Scheitel schräg gestellt	auf deutlichen Rippen zu Bändern zusammenfließend	gelb, borstig, meist den Körper bedeckend	gelb, sich becher- bis tellerförmig öffnend
Brasilicactus	kugelig, Scheitel schräg	auf Höckern, zahlreich	kurz, zahlreich, den Körper bedeckend, weiß bzw. braungelb	viele, klein, rot bzw. grün

Pflege: Nach dem Ende der Winterruhe, also Mitte bis Ende März, beginnen Sie vorsichtig mit dem Gießen. Die Pflanzen vertragen viel Sonne und sollten den Sommer über möglichst im Freien ohne Glasschutz stehen. Dann entfalten sie ihre volle Schönheit mit gedrungenem Wuchs, dichter Bedornung und reichem Blütenflor. Dazu sollten sie regelmäßig gegossen werden. Vor dem ersten Nachtfrost bringen Sie die Pflanzen zu einem möglichst hellen Überwinterungsplatz. Temperaturen zwischen 5 und 10°C sind ausreichend. Ein mineralisches Pflanzsubstrat mit einem Humusanteil von 10 – 20 % ist empfehlenswert.

Parodia (Notocactus) concinnus

Parodia (Notocactus)

Aussehen: Flachkugeliger, im Alter auch zylindrischer Körper, der oft zahlreiche höckerige Rippen besitzt. Die Bedornung ist sehr unterschiedlich. Manche Arten haben borstenartige, ineinander verflochtene, den Körper einhüllende Dornen. Bei anderen Arten stehen sie locker, so dass der Pflanzenkörper deutlich sichtbar bleibt. Das markante Erkennungsmerkmal von *Notocactus* ist ein roter Stempel, der sich gegen die meist gelben Blüten sehr auffällig abhebt. Die Knospen sind von dichten braunen oder grauen Borstenhaaren eingehüllt. Blüten entwickeln sich aus dem mehr oder weniger wolligen Scheitel.
Heimat: Im Hügelland, den Pampas von Südbrasilien, Uruguay und Paraguay sind die meisten Arten von *Notocactus* zu finden. In diesem sommerheißen Steppenland fallen auch im Winter gelegentlich Niederschläge. Frost tritt nur an einigen Standorten und auch nur ausnahmsweise auf.
Pflege: Im Sommer kontinuierlich gießen, im Winter eingeschränkt. Bei Wintertemperaturen zwischen 10 und 15°C sind die Ansprüche an das Licht geringer als bei *Parodia*. Als Pflanzsubstrat verwenden Sie humose Kakteenerde mit ausgewogenem Nährstoffangebot. Hornspäne als langsam frei werdende Stickstoffquelle sind dem Wachstum förderlich. Die Arten von *Notocactus* sind auch für die Fensterbrettsammlung bestens geeignet. Viele Arten blühen schon zwei bis drei Jahre nach der Aussaat mit ihren, großen gelben, auch weinroten bis dunkelvioletten Blüten. Die Blütezeit ist von März bis Juli, wobei die Einzelblüte je nach Witterung oft mehrere Tage hält.

Signal für Insekten

An den Blüten von *Notocactus* kann man eine interessante Erscheinung beobachten: Bei Berührung, etwa bei der Bestäubung durch ein Insekt, biegen sich die Staubgefäße zum Stempel hin. Nachfolgenden Insekten wird signalisiert, dass hier gerade bestäubt wurde. Erst nach etwa 20 Minuten kehren die Staubgefäße in ihre Ausgangsstellung zurück.

Parodia (Eriocactus)

Aussehen: Kugeliger oder dicksäuliger, später zylindrischer Kakteenkörper mit zahlreichen niedrigen Rippen, die in einen schräg stehenden, wolligen Scheitel münden. Die borstigen gelben Dornen bedecken den Körper. Nur bei den eher kugelig wachsenden Arten wie *P. magnifica* und *P. schumanniana* sind die Borstendornen nicht so zahlreich und kürzer. Der Pflanzenkörper bleibt gut sichtbar. *P. leninghausii* kann im Alter bis 1 m hoch werden bei etwa 10 cm Durchmesser. *P. magnifica* hat 10–15 Rippen mit einem dekorativen Filzband, das sich bis zum Scheitel zieht. Der Pflanzenkörper ist blaugrün und kontrastiert sehr auffällig mit den braungelben Borsten. Aus dem wolligen Scheitel entfalten sich große, weit öffnende, dottergelbe Blüten. *P. schumanniana* blüht fast weiß.
Heimat: Südbrasilien, Rio Grande do Sul. Das Klima dieser Region ist feucht mit entsprechend immergrüner Vegetation. Allerdings wachsen diese Kakteenarten an fast senkrechten Felswänden, wo sich die Bodenfeuchtigkeit nicht lange hält.
Pflege: Trocken überwintern bei 10–15 °C. Ab März beginnen Sie in größeren Abständen zu gießen. Während der Wachstumszeit sollte die Wasserversorgung nicht abreißen, darf aber auch nicht zu Staunässe

Parodia (Eriocactus) leninghausii

führen. Der Sommeraufenthalt im Freien ist dichter Bedornung und reichem Blütenansatz sehr förderlich. Aber auch für die Fensterbrettsammlung ohne „Sommerfrische" sind die Arten gut geeignet.

Sonnenlicht bedingt Scheitelstellung

Untersuchungen ergaben, dass die für das Streckungswachstum verantwortlichen Wirkstoffe durch Sonnenlicht teilweise deaktiviert werden. Dadurch wächst die dem Licht abgewandte Seite etwas stärker und richtet den Scheitel so nach der Sonnenseite aus. Dreht man eine *P. leninghausii* über Jahre regelmäßig, wächst der Scheitel gerade. Allerdings entwickelt die Pflanze dann auch keine Blüten.

Parodia (Brasilicactus)

Aussehen: Der kugelige Körper erreicht bei älteren Pflanzen bis zu 15 cm Durchmesser. Auffällig ist der eingesenkte, geneigte Scheitel. Die zahlreichen (über 30) Rippen sind teilweise nur als spiralig um den Pflanzenkörper angeordnete Höcker zu erkennen. Auf jedem Höcker sitzt ein Dornenpolster mit weißer Areolenwolle. Die Dornen sind zwar kurz, aber so dicht, dass man vom Pflanzenkörper kaum etwas sieht. Sie können entweder kürzer und silbrigweiß (*P. haselbergii*) oder länger und braungelb (*P. graessneri*) sein. Die Blüten bei *P. haselbergii* sind leuchtend tomatenrot. Dicht gedrängt werden sie oft schon Ende Januar im Scheitel sichtbar. Auch wenn die Einzelblüte nur 2–3 cm im Durchmesser misst, sind sie in der Vielzahl ein leuchtender Farbtupfer in der Kakteensammlung und ein schöner Kontrast zu der weiß bedornten Pflanze. *P. graessneri* blüht auffällig grün.

Heimat: Südbrasilien bis angrenzendes nördliches Uruguay. Die hüglige Landschaft erhält recht ergiebige Winterregenfälle. Dafür sind die Sommer heiß und trocken. Das Wasserangebot reicht nur für eine Steppenvegetation. Im Gras versteckt finden sich hier viele Kakteenarten der „Untergattungen" *Notocactus* und *Brasilicactus*.

Pflege: Als Überwinterungstemperatur sind 10–15°C günstig. Den Wurzelballen sollten Sie nicht ganz austrocknen lassen, die Pflanzen aber auch nicht durch zu reichliche Wassergaben zum Wachsen anregen, denn hierzulande fehlt zum gesunden Wuchs im Winter die Sonne. Wenn die Knospen sichtbar werden, verkürzen Sie die Gießpausen und erhöhen die Wassergaben allmählich. Im Frühjahr und Sommer ist für ausreichend Feuchtigkeit zu sorgen, wobei eine Wasserversorgung von unten keine hässlichen Salzablagerungen an den Pflanzen hinterlässt. Zum Herbst hin gießen Sie wieder seltener und im Winter dann nur noch alle drei bis fünf Wochen. Das Pflanzsubstrat kann humos sein mit 30–50% mineralischen Beimengungen. Die Arten von *Brasilicactus* sind pflegeleicht und wirken mit ihrer dichten Bedornung sehr dekorativ. Die Blütenknospen werden teilweise schon mitten im Winter sichtbar und man kann mit Spannung die Entwicklung bis zum Öffnen der Blüten verfolgen.

Grüne Blüten?

Grün ist als Blütenfarbe – abgesehen von Gräsern – eher selten im Pflanzenreich. Zur Bestäubung müssen die Insekten durch auffallende Farben angelockt werden. In der tristen Kakteenheimat wirkt eben auch Grün anziehend auf Insekten.

Parodia (Brasilicactus) haselbergii

Vertreter der „Großgattung“ *Parodia* im Porträt

Parodia subterranea subsp. *subtilihamata*

Friedrich Ritter entdeckte diese Art bereits 1958 in Bolivien in 3000 m ü. NN, als er die westlichen Anden bereiste. Erst 1980 fand er Zeit für eine botanische Beschreibung. Zwischenzeitlich waren Pflanzen aus von ihm gesammelten Samen gleich mehrfach beschrieben worden. Jetzt ist dieser Formenkreis zu *P. subterranea* zusammengefasst.

Parodia microsperma subsp. *mercedesiana*

Diese Art wurde in Nordargentinien an grasbewachsenen Sandsteinhängen in 1800 m ü. NN gefunden. Benannt wurde sie nach der Frau des Entdeckers, Mercedes Herzog. Die Pflanze blüht in den für *Parodia* nicht ungewöhnlichen unterschiedlichen Farbabstufungen von Rot bis Gelb. Sie wurde jetzt zu *P. microsperma* gestellt.

Parodia werneri (*Notocactus uebelmannianus*)

Diese Art wächst zusammen mit *N. ottonis*, *Echinopsis oxygona*, *Frailea phaeodisca* und *Opuntia rubrogemmia* in einer Lebensgemeinschaft an sehr kargen Standorten auf Tafelbergen in Rio Grande do Sul, Brasilien. Die violett und die gelb blühende Form kommen häufig gemeinsam an einem Standort vor.

Parodia tenuicylindrica (*Notocactus minimus*)

Der „kleinste“ *Notocactus* wächst zylindrisch. Er wird nur selten größer als 5 cm bei 2–3 cm Durchmesser. Der Körper hat etwa 15 Rippen und ist dicht mit kurzen Dornen bedeckt. Seine Heimat ist trockenes Grasland in Uruguay.

Parodia (Notocactus) rutilans

Ein guter Bekannter, der in vielen Kakteensammlungen vertreten ist. Er wird nur etwa 10 cm groß bei 5 cm Durchmesser. Die Art wurde 1935 in Uruguay an der Grenze zu Brasilien gefunden und danach nie wieder. Eine ähnliche rosa blühende, aber weiß bedornte Art wurde 500 km entfernt in Südbrasilien gefunden.

Parodia (Eriocactus) magnifica

Wie der Name schon sagt, ein prächtiger Vertreter! Kugeliger, im Alter zylindrischer Kaktus bis 20 cm und höher bei einem Durchmesser von 15 cm. Der Körper ist blau bereift, der Scheitel geneigt, die Rippen tragen ein weißes Filzband und gelbe, borstig abstehende Dornen – eine sehr aparte Farbkombination.

Parodia (Brasilicactus) haselbergii var. graessneri fo. flaviflorus

Brasilicactus graessneri hat seinen Rang als eigenständige Art aufgeben müssen, weil die vielen Varianten auf einen Formenschwarm hindeuten. Neben der grün blühenden Art unterscheidet man auch eine weiß bedornte Form (fo. *albisetus*).

Parodia (Brasilicactus) haselbergii

Kugelig mit geneigtem Scheitel, dicht von kurzen, weißen Dornen umgeben, ist er ein Schmuckstück vieler Kakteensammlungen. Schon mitten im Winter schieben sich die orangeroten Knospen rings um den Scheitel durch den weißen Borstenpelz. Seine Heimat sind Sandsteinfelsen in den Pampas von Südbrasilien.

Die chilenischen Kugelkakteen

Systematik: Der Botaniker Kattermann fasst unter der Gattung *Eriosyce* zahlreiche Kakteenarten aus Mittel- und Nordchile zusammen, die vorher mindestens fünf Gattungen zugeordnet waren. Für den Kakteenpfleger war die Untergliederung in mehrere Gattungen jedoch hilfreich, da eine Zuordnung zu Pflegegruppen so einfacher war. Deshalb sollen hier die drei wichtigsten „ehemaligen" Gattungen vorgestellt werden. Die Gattungen *Copiapoa* und *Matucana*, deren Arten ebenfalls in Chile bzw. Peru ihre Heimat haben, werden weiterhin separat geführt.

Neochilenia

Aussehen: Der kugelige Körper besitzt zahlreiche höckerige Rippen. Die Oberhaut ist oft burgunderrotbraun bis graugrün, dabei auffallend dunkel gefärbt. Die Dornenpolster auf filzigen Areolen sind sehr unterschiedlich und fehlen zuweilen ganz. In Scheitelnähe erscheinen die Blüten mit einem wolligen bis borstigen Kelch. Mit 5 cm Durchmesser werden sie verhältnismäßig groß. Typische Blütenfarben sind Beige, Bräunlichgelb bis Altrosa. Die Blütezeit erstreckt sich bei uns vom Frühjahr bis in den Sommer hinein.

Pflege: Überwinterungstemperaturen von 6–12°C sind ausreichend. Wenn Sie im Frühjahr nach der Winterruhe mit dem Gießen beginnen, sind meist schon die wolligen Blütenknospen im Scheitel zu sehen. Den Sommer über sollen die Pflanzen einen sonnigen, luftigen Platz erhalten. Auch der noch wenig erfahrene Fensterbrettsammler wird viel Freude an diesen außergewöhnlichen Pflanzen haben.

Eriosyce (Neoporteria) rapifera

Neoporteria

Aussehen: Der kugelige Körper wird erst im Alter mehr lang als breit. Die zahlreichen Rippen sind manchmal in Höcker aufgelöst. Die dunkle Oberhaut ist bräunlichgrün oder rötlichgrün gefärbt. Bei manchen Arten stehen die Dornen so dicht, dass vom Pflanzenkörper nichts mehr zu sehen ist. Die karminroten Blüten bleiben bei den Arten von *Neoporteria* halb geschlossen und ragen nur wenig aus dem Dornengewirr des Scheitels heraus. Sie erscheinen zu Beginn oder Ende des Winters.

Pflege: Solange die Pflanzen Blüten tragen, meist zwischen November und Februar, benötigen sie auch Feuchtigkeit. Das Gießen erfordert aber viel Fingerspitzengefühl. Die Überwinterungstemperatur kann bei 15–18°C liegen. Für den Sommer bevorzugen sie einen nicht vollsonnigen, aber luftigen Platz und sparsame Wassergaben in größeren Abständen.

Islaya

Aussehen: *Islaya*-Arten haben nur unmerklich gehöckerte Rippen. Areolen und Scheitel tragen starken Filz. Die Blüten in Honigbraun bis Gelb entfalten sich aus einem schuppigen Kelch. Als Frucht entwickeln sich auffällig rosafarbene, länglich-eiförmige Hohlkörper.

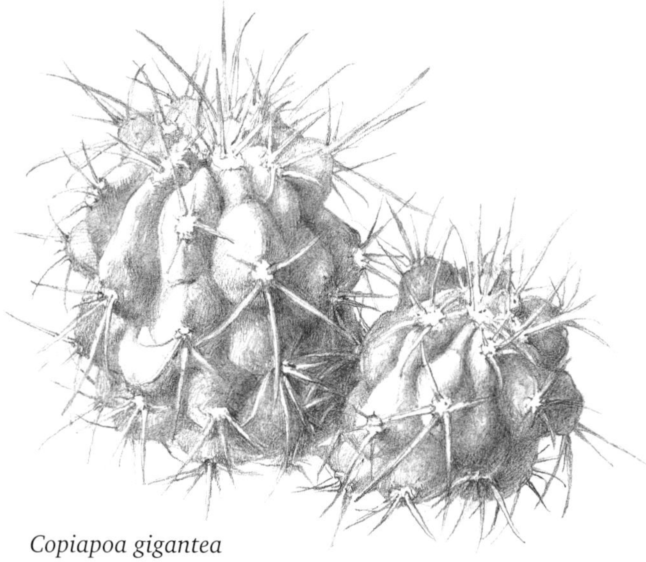

Copiapoa gigantea

Heimat: Die Felswüste in Südperu und dem nördlichen Chile von Küstennähe bis in 1000 m Höhe. Bei extremer Trockenheit stellen die Arten von *Islaya* in manchen Gebieten die einzige Vegetation dar.
Pflege: Im Winter sollen die Pflanzen hell, kühl und trocken stehen, dagegen vertragen sie im Sommer viel Hitze. Der Wasserbedarf zur Wachstumszeit wird durch bodenbefeuchtendes Versprühen und gelegentliches Anstauen von Wasser gedeckt. Zum Topfen verwenden Sie ein durchlässiges, rein mineralisches Substrat. Da sich die Wurzeln dicht unter der Erdoberfläche ausbreiten, sind Schalen als Pflanzgefäß angebracht.

Copiapoa

Aussehen: Der kugelige Körper einiger *Copiapoa*-Arten ist kalkig weiß mit derben, schwarzen oder grau bereiften Dornen auf höckerigen Rippen. Andere Arten sind „krötenbraun" mit dünnen Dornen. Alle Arten haben kleine, gelbe Blüten, die aus dem stark wolligen Scheitel entspringen.
Heimat: *Copiapoa*-Arten gedeihen auf dem extrem trockenen Küstenstreifen von Nordchile. Das wenige Wasser erhalten sie über die nächtlich vom Meer heranziehenden Nebelschwaden.
Pflege: Bis August halten Sie *Copiapoa*-Arten relativ trocken. Die dunkelhäutigen Vertreter benötigen etwas Sonnenschutz. Zum Ende des Sommers sollten Sie einige Male kräftig gießen, bevor im Oktober die Wassergaben eingestellt werden. Die Arten mit dicker Pfahlwurzel sind noch vorsichtiger zu gießen! Vornehmlich die weißen Arten wachsen sehr langsam, wirken aber besonders dekorativ.

Matucana

Aussehen: Kugelkaktus mit langröhrigen, schiefsaumigen Blüten, bei denen Leuchtendrot, Orange oder Violettrosa dominieren.
Heimat: Peru westlich der Anden, allerdings in verschiedenen Klimagebieten. So ist *M. madisoniorum* in Flusstälern nur wenige hundert Meter über dem Meeresspiegel zu finden und benötigt bei uns im Winter Temperaturen zwischen 12 und 15°C. Dagegen wachsen *M. haynei* und verwandte Arten in 2500–3000 m Höhe und vertragen ohne Schaden deutlich niedrigere Überwinterungstemperaturen.

Matucana madisoniorum

Kugelkakteen mit Cephalium oder wolligen Knospen

Melocactus

Aussehen: Kugeliger, frisch- bis stumpfgrüner Körper mit 10–20 tiefen, geraden Rippen, der gelegentlich blau bereift ist (*M. azureus*). Die unbewollten Areolen haben meist 6–20 derbe Dornen, deren Länge den Abstand der Areolen kaum übersteigt. Jungpflanzen sind leicht mit anderen Kugelkakteen mit tiefen Rippen (z.B. *Echinopsis*) zu verwechseln. Doch bei *Echinopsis* ist die Oberhaut nicht so glatt, glänzend und die Rippen sind nicht so tief und scharf gekielt. Außerdem bilden *Echinopsis*-Arten schon in jungen Jahren langröhrige Blüten, während *Melocactus* zunächst nicht blüht. Nach 6–10 Jahren hat er seine endgültige Größe erreicht und bildet in der Scheitelzone zahlreiche, dicht stehende Areolen mit meist braunrötlichen Borsten und grauen Wollhaaren. Das Cephalium entsteht. Hier bilden sich später die Blüten und Früchte. Die Blüten sind unscheinbar, rot oder rosa, kaum aus dem Cephalium ragend. Im Laufe der Jahre wächst nur noch das Cephalium; es kann am Heimatstandort bis zu 1 m hoch werden.

Heimat: Feuchtwarme Standorte im nordöstlichen Südamerika, auf den Karibikinseln, in Mittelamerika bis Westmexiko. Meist auf Quarzsand, *M. azureus* auf Kalkfelsen.

Pflege: Voraussetzung für gesunden Wuchs ist gleichmäßige Wärme im Sommer wie im Winter mit mindestens 15°C. Die hohe Luftfeuchte der Heimat muss durch häufiges Besprühen ersetzt werden. Als Pflanzsubstrat dient eine Mischung aus 50 % Quarzsand, dazu Ziegelsplitt, Lehm, Perlite und etwa 10 % Hochmoortorf. Erfahrene Kakteenfreunde kultivieren *Melocactus* in der Wohnung am Fenster, wo es für die meisten anderen Kakteenarten im Winter zu warm ist. Im Frühjahr und Sommer benötigen die Pflanzen gleichmäßig Wärme, Licht und Feuchtigkeit. Vor der prallen Sommersonne muss man die Pflanzen schützen. Die Hauptwachstumszeit beginnt erst Ende des Sommers.

Melocactus matanzanus

Keine unbewurzelten Importe!

Pflanzen, die schon ein Cephalium gebildet haben, lassen sich in den seltensten Fällen neu bewurzeln. Deshalb haben Importpflanzen bei uns kaum ein langes Leben. Aus Samen gezogen, sind sie wesentlich besser an unsere Verhältnisse angepasst.

Discocactus

Aussehen: Der flache bis kugelige Körper mit 10–20 cm im Durchmesser (*D. ferricola* bis 25 cm) hat 10–20, manchmal in Höcker aufgelöste Rippen und ist dunkelgrün, auch rotbraun (*D. horstii*). Derbe, kalkig

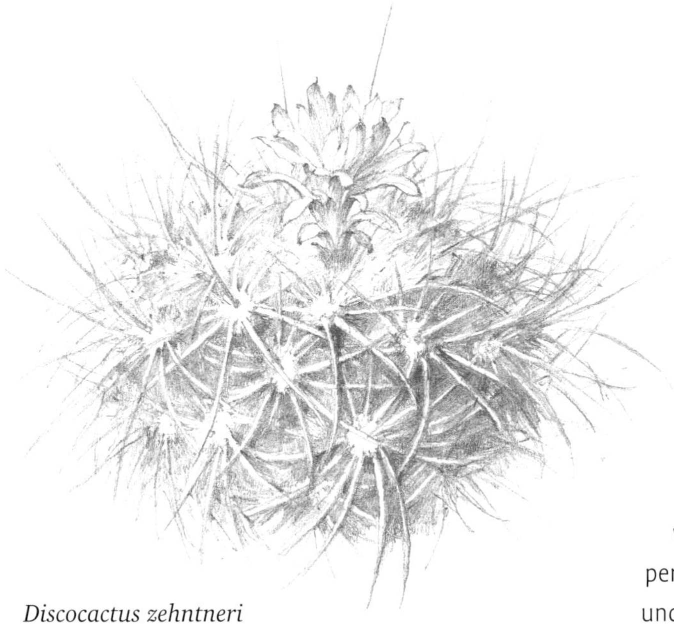

Discococactus zehntneri

graue bis gelbliche Dornen sind zur Pflanze hin gebogen und können den Körper bedecken (*D. zehntneri*); meist sind sie aber nur kurz und wenige. Bei Erreichen des blühfähigen Alters bildet sich ein wolliges, mit Borsten durchsetztes Cephalium. Die Knospen schieben sich über den Tag aus dem Cephalium, um sich am Abend zu langen, bis 5 cm großen, stark duftenden, weißen bis gelblichen Blüten zu öffnen.
Heimat: Feuchtwarme Standorte vorwiegend in Südostbrasilien.
Pflege: Am sichersten ist die Kultur veredelter Pflanzen. Sollen sie wurzelecht kultiviert werden, ist als Pflanzsubstrat eine Mischung aus 60–70 % grobem Quarzsand, dazu porösem Material wie Ziegelsplitt oder Blähschiefer und nur wenig Hochmoortorf oder gesiebte Rinde geeignet. Wichtig ist die Überwinterungstemperatur von mindestens 15°C. Dabei möchten die Pflanzen trocken stehen, aber häufig übersprüht werden. Während der Wachstumszeit vom Frühjahr bis in den Sommer darf bei feuchtwarmem Standort das Substrat gleichmäßig feucht sein. Die wenig bedornten Arten möchten im Sommer etwas Schutz vor greller Sonne.

Uebelmannia

Aussehen: Mittelgroßer Kugelkaktus mit zahlreichen, hohen Rippen. Die Oberhaut ist auffällig papillar und olivgrün bis rotbraun. Die Areolen stehen dicht, sind etwas filzig und tragen gerade abstehende Dornen. Aus den wolligen Knospen entwickeln sich kleine, gelbe Blüten.
Heimat: Brasilien, an feuchtwarmen Standorten. Sie wachsen in verwittertem Quarzgestein.
Pflege: Siehe *Discocactus*. Im Winter nur sehr wenig gießen, aber regelmäßig sprühen und Temperaturen zwischen 15 und 20°C einhalten. Im Frühjahr und Sommer feuchtwarm und hell stellen mit etwas Schutz vor Prallsonne. Als Pflanzsubstrat empfiehlt sich eine Mischung aus Quarzsand und Lauberde.
Alle Arten von *Discocactus* und *Uebelmannia* wurden in ihrer Heimat stark dezimiert und deshalb in die Liste der vom Aussterben bedrohten Arten des Washingtoner Artenschutzabkommens aufgenommen.

Uebelmannia pectinifera

Chilenische Kakteen im Porträt

Eriosyce taltalensis var. *paucicostatus*

Ihr Kakteenleben begann sie mit dem Namen *Neochilenia hankeana*. Dann kam sie zur Gattung *Neoporteria* und später wurden alle *Eriocyce* benannt. Der Artname gilt zur Zeit als ungeklärt. Was bleibt, ist eine im Sommer cremeweiß blühende Art, die Ihnen viel Freude bereiten kann.

Eriosyce islayensis (*Islaya copiapoides*)

Ihre Vorfahren stammen aus der Wüste Ocona-Camana in Südperu. Regen gibt es dort fast nie, nur in den Morgenstunden zieht von der Küste ein kalter Nebel herauf, der etwas Feuchtigkeit bringt. Am Tag wird es sehr heiß. Deshalb darf man nur vorsichtig gießen und muss die Art dicht hinter dem Gewächshausglas aufstellen.

Copiapoa krainziana

Von grauweißen Borstendornen eingehüllt, wächst diese Art in den küstennahen, extrem trockenen Bergen Nordchiles. Dagegen findet man die nah verwandte , aber nur mit einzelnen, grauschwarzen Dornen besetzte *C. cinerea* am unmittelbaren Küstenstreifen. Eine Naturhybride zwischen beiden Arten ist die Varietät *scopulina*.

Matucana madisoniorum

Der kugelige, graugrüne Körper hat bis zu fünf Dornen je Areole, die biegsam, braun bis schwarz und bis 5 cm lang sind; sie können aber auch gänzlich fehlen. Vorkommen an den Hängen des Rio Maranon in 500 m ü. NN. Somit gehört sie zu den weniger kälteverträglichen Arten.

Kugelkakteen mit Cephalium oder wolligen Knospen im Porträt

Melocactus matanzanus

Auf Kuba, etwa 100 km westlich von Havanna, liegt Matanzas. In dieser Gegend wurde *M. matanzanus* erstmals gefunden, ist aber hier so gut wie ausgerottet. Auf den Kanarischen Inseln werden sie wegen ihres orangeroten Cephaliums massenhaft vermehrt und sind deshalb gar nicht so selten im Angebot.

Melocactus neryi und *M. oreas*

Nach der Entdeckung Amerikas gehörten die Melokakteen zu den ersten Arten, die nach Europa gebracht wurden. Neben der Tatsache, dass sie in Küstennähe vorkamen, wird der filzige Schopf Seeleute bewogen haben, gerade diese Pflanzen mitzunehmen. Ohne Cephalium sind sie nur schwer von anderen Kugelkakteen zu unterscheiden.

Discocactus horstii

Der kleinste unter den „Discos" wurde im Bergland Südbrasiliens in reinem Quarzsand wachsend gefunden. Er wird nur 2 cm groß bei 3–5 cm Durchmesser. Die stark duftenden, weißen Nachtblüten schieben sich erst aus dem Cephalium, wenn es nachts warm genug ist. Der Stempel befindet sich am Grunde einer langen Blütenröhre.

Uebelmannia pectinifera

Die papillöse Oberfläche einiger *Uebelmannia*-Arten wird mit Kopfsteinpflaster verglichen. Besonders auffällig ist die dunkelrötlichbraune Körperfarbe bei *U. pectinifera*. Typisch für *Uebelmannia* sind die scharf gekielten Rippen, die dicht beieinander stehende Areolen tragen. Die Dornen sind biegsam und stehen kammartig auf den Rippen.

Die Igelsäulenkakteen

Echinocereus enneacanthus

Aussehen: Unter den knapp 60 Arten dieser Gattung findet man kugelige, dickzylindrische bis säulig wachsende Vertreter. Charakteristisch für *Echinocereus* sind kurzröhrige, sich weit öffnende große Blüten in leuchtenden Farben wie Violettrosa, Rot oder Gelb, selten Grüntöne oder Weiß. Als gemeinsames Merkmal ist der mehr oder weniger intensiv grün gefärbte Stempel leicht zu erkennen. Der Fruchtknoten und später auch die Frucht sind mit kurzen Dornenpolstern besetzt. Im Gegensatz zu den Blüten fast aller anderen Kakteenarten halten *Echinocereus*-Blüten manchmal sogar über eine Woche. Blütenknospen oder Neutriebe brechen förmlich aus der Oberhaut und zerreißen sie dabei. Manchmal wird auch ein Dornenpolster mit abgehoben. Das findet man bei keiner anderen Kakteengattung.

Echinocereus-Arten und ihre unterschiedlichen Wuchsformen:

- **Dickzylindrischer Körper mit vielen, manchmal über 20 Rippen.** Die kurzen, meist anliegenden Dornen sitzen auf mehr oder weniger ausgeprägten Höckern und sind weiß, gelblich oder bräunlich, manchmal auch auffällig rot, kammartig gestellt. Die Mitteldornen sind kurz oder fehlen. Je nachdem, wie dicht die Areolen sitzen, ist der Pflanzenkörper zwischen den Dornen sichtbar oder wird durch diese völlig bedeckt. Die Pflanzen werden bis 30 cm groß und erreichen dabei einen Durchmesser um 10 cm, z.B. *E. pectinatus, E. reichenbachii,* E *rigidissimus.*
- **Kugeliger Körper, der nicht von Dornen bedeckt wird.** Vertreter dieser Art werden etwa so hoch wie dick, selten höher und sprossen selten. Die bis zu

zehn Rippen sind mehr oder weniger ausgeprägt. Der Körper ist grün bis graugrün, z.B. *E. knippelianus, E. pulchellus, E. subinermis.*

■ **Der säulig-walzenförmige Körper wächst aufrecht, später niederliegend.** Die Triebe sind bis zu 50 cm lang bei einem Durchmesser von 10 cm; durch Sprossung bilden sie Polster. Die Rippen sind wenig ausgebildet und tragen Dornenpolster auf deutlichen Höckern. Dornen, die zum Teil bis zu 10 cm lang werden können, stehen dicht oder einzeln und sind oft sehr dekorativ gefärbt, z.B. *E. cinerascens, E. papillosus, E. pentalophus, E. triglochidiatus, E. viereckii.*

Heimat: Vom Südwesten der USA (Kalifornien, Utah, Süddakota) bis etwa auf Höhe von Mexico City. Dieses sehr weit reichende Verbreitungsgebiet schließt auch vom Klima erhebliche Unterschiede ein, die bei der Pflege Berücksichtigung finden müssen. Leider lässt sich ein Wuchstyp nicht einer bestimmten Klimazone zuordnen. Nicht einmal aus der Kenntnis der Art ist die Kälteverträglichkeit abzuleiten. Dazu muss man die Herkunft des Ausgangsmaterials kennen. Zum Beispiel kommt *E. engelmannii* in Kalifornien nur wenig über Meereshöhe vor, wo es nie Frost gibt. Andere Vorkommen derselben Art liegen 2400 m hoch in Nordwestmexiko, wo regelmäßige Frostperioden auftreten.

Pflege: Zur Überwinterung geben Sie Ihren *Echinocerus*-Arten einen hellen, luftigen und kühlen Platz bei Temperaturen zwischen 5 und 10°C. Lediglich Arten der Baja California sind gegen niedrige Temperaturen empfindlich. Mit den ersten Wassergaben warten Sie bis April und verabreichen auch dann nur leichte „Regenschauer". Erst wenn die Blütenknospen deutlich entwickelt sind, werden Sie mit Ihren Wassergaben großzügiger. Von Mai bis Juli sollten Sie reichlich gießen, denn schon ab August wird das Gießen reduziert und von Ende Oktober bis Anfang April ganz eingestellt. Den Sommer möchten *Echinocereus*-Arten am besten im Freien verbringen, Vertreter der Baja California vielleicht mit Schutz vor anhaltendem Regen, aber auf jeden Fall vollsonnig. Andere Arten und Standortformen sind wieder so unempfindlich, dass man sie in einem Steingarten in vollsonniger Lage auspflanzen kann. Für Herbst und Winter ist hier eventuell ein Regenschutz angebracht. Als Substrat ist Kakteenerde mit nur mäßigem Anteil an humosen Bestandteilen, aber guter Strukturbeständigkeit richtig. Die Arten von *Echinocereus* stehen mit ihrer herrlich farbigen Bedornung, mit der Formenvielfalt und mit ihren großen, langlebigen, seidig glänzenden Blüten in breiter Farbpalette zu Recht in der Gunst der Kakteensammler ganz weit oben.

■ **Arten, die in unseren Breiten frosthart sein können:**
E. primolanatus, E. reichenbachii, E. triglochidiatus, E. viridiflorus, E. coccineus.

■ **Eher wärmebedürftige Arten:**
E. brandegeei, E. engelmannii var. *acicularis,* var. *armatus,* var. *chrysocentrus, E. ferreirianus, E. ferreirianus* subsp. *lindsayi, E. grandis, E. mojavensis, E. pensilis, E. polyacanthus* subsp. *pacificus, E. sciurus, E. websterianus* und andere.

Echinocereus pectinatus

Igelsäulenkakteen im Porträt

Echinocereus cinerascens cv. *spinibarbis*

Der „dornbärtige" Igelkaktus fällt besonders durch seine hellen, teilweise glasig wirkenden, sanft gebogenen Dornen auf. Die Triebe erreichen eine Stärke bis 5 cm und bilden 6 bis 8, in Höcker aufgelöste Rippen. Die großen Blüten sind hell purpurrosa mit fast weißem Schlund.

Echinocereus subinermis

Die Botaniker stellen diese kugelig wachsende, nur spärlich bedornte Art in die Verwandtschaft von *E. reichenbachii*. Eine Ähnlichkeit ist allenfalls in der Blühfreudigkeit zu verzeichnen. Der Körper von *E. subinermis* ist graugrün mit sechs bis zehn tiefen Rippen. Die Blüten sind dottergelb, werden bis zu 10 cm groß und duften.

Echinocereus coccineus

Der Körper verzweigt sich an der Basis und bildet im Alter Gruppen. Der Einzeltrieb wird etwa 5 cm stark mit bis zu 12 gehöckerten Rippen. Die roten, violettrosa- bis orangefarbenen Blüten erreichen bis 8 cm Durchmesser. Zahlreiche frostharte Formen und Hybriden mit unterschiedlichen Blütenfarben wurden ausgelesen.

Echinocereus polyacanthus

Diese hinsichtlich der Bedornung sehr variable Art wächst aufrecht, zylindrisch, an der Basis sprossend und Gruppen bildend. Die Einzeltriebe können bis 30 cm lang werden und erreichen 4–7 cm Durchmesser. Die Blüten sind violettrosa, rot bis orange mit hellem Schlund und können 8 cm groß werden.

Echinocereus rigidissimus L 088

Schon ohne Blüte zählt diese Art zu den schönsten der Gattung. Besonders die von A. Lau gefundene Form L 088 besticht durch ihre in Zonen abgestuften, purpurroten Dornen. Jede Areole trägt bis zu 35 kammartig anliegende Dornen. Die Blüte kann bis 9 cm groß werden und ist rosa- bis magentafarben mit hellem Schlund.

Echinocereus engelmannii

Ein „Weltenbummler" vom Südwesten der USA bis zur Mitte von Westmexiko. Von Meereshöhe bis in 2400 m ü. NN findet sich diese Art mit ihren zahlreichen Varietäten. Um sie zur richtigen Pflegegruppe zuzuordnen, muss man den Standort des Ausgangsmaterials kennen. Blüten und Bedornung wetteifern, diese Art besonders attraktiv zu gestalten.

Echinocereus brandegeei

Hier wirken die Dornen! Die Triebe werden nur 6 cm dick, können aber bis 1 m hoch und reich verzweigt wachsen. Die Mitteldornen sind abgeflacht und können bis 13 cm lang werden. Die lavendel- bis rosafarbenen Blüten werden an der gesamten Trieblänge gebildet. Diese Art von der Baja Califonia benötigt viel Wärme.

Echinocereus reichenbachii var. *fitchii*

Eine ideale Einsteigerart: anspruchslos, sie gedeiht im Sommer im Freien wie hinter Glas, wenn sie nur ausreichend Licht und Frischluft bekommt. Sofern sie im Winter trocken gehalten wird, verträgt sie Temperaturen bis 0°C und auch mal darunter. Bei sommersonnigem Stand und kühler Überwinterung ist der Blütenflor so gut wie sicher.

Die Sternkakteen

Systematik: Zur Gattung *Astrophytum* werden seitens der wissenschaftlichen Systematik derzeit nur *A. myriostigma*, *A. ornatum*, *A. capricorne* und *A. asterias* als eigenständige Arten anerkannt.

Es gibt aber triftige Gründe für engagierte *Astrophyten*-Sammler, die Arten wie früher weiter zu differenzieren. Zur Unterscheidung der Arten kann der folgende Schlüssel dienen:

Arten ohne Dornen	
Körper rund, bei älteren Pflanzen kurzzylindrisch oder keulig. Die 3–6 deutlichen Rippen ergeben einen sternförmigen Körperquerschnitt. Halbkugelige Areolen ohne Dornen, mit kleinen, grauweißen Wollflöckchen, die den Körper bedecken. Strohgelbe Blüten erscheinen aus dem Scheitel. Die Knospe und später der Fruchtknoten werden von schuppendünnen, lanzettlichen Kelchblättern mit dunkler Spitze umhüllt. Die Früchte platzen von der Mitte her vierteilig auf.	*A. myriostigma*
Pflanzenkörper wie vorheriger, nur sind die Wollflöckchen etwas größer und dichter und verleihen der Pflanze ein fast weißes Aussehen. Hellgelbe Blüte mit braunrotem Boden. Frucht ballonförmig, purpurrot, unten aufreißend. *A. myriostigma* und *A. coahuilensis* lassen sich nicht kreuzen!	*A. coahuilensis*
Körper flachkugelig, durch acht flache Rippen nur andeutungsweise untergliedert. Areolen mit dicken Wollpusteln ohne Dornen. Wollflöckchen in symmetrischen Reihen auf dem Körper angeordnet, diesen nicht bedeckend. Das Aussehen des Körpers erinnert an einen versteinerten Seeigel. Blüte und Frucht wie bei vorheriger Art.	*A. asterias*
Arten mit Dornen	
Körper zuerst kugelig, später dicksäulig, häufig in acht tiefe Rippen gegliedert, selten spiralig gedreht. Areolen mit 5–10 derben, gelben bis braunen Dornen. Wollflöckchen in unterschiedlicher Dichte in Bahnen auf dem Körper verteilt. Blüte und Frucht wie bei *A. myriostigma* gebaut.	*A. ornatum*
Körper rund, im Alter etwas länglich. Meist acht, tiefe und scharfkantige Rippen. Areolen wollig mit braunen Dornen, später vergrauend, abgeflacht, ineinander verschlungen, bis 10 cm lang, biegsam. Wollflöckchen locker über den Körper verteilt, zwischen den Rippen bräunlich. Blüte kräftiggelb mit karminrotem Boden, bis 8 cm groß. Frucht kugelförmig, unten aufreißend.	*A. capricorne*
Körper ähnlich wie vorherige Art, aber erwachsene Pflanzen ohne Wollflöckchen. Dornen schwarz, dünn und rund, noch dichter ineinander verschlungen. Man kennt auch eine braungelb bedornte Unterart. Gelbe Blüte mit braunrotem Schlund, Frucht wie vorige Art.	*A. senile*
Körper ähnlich wie vorherige Art, sehr dicht schneeweiß beflockt, zwischen den Rippen nicht braun. Areolen liegen 3 cm voneinander entfernt mit 6–8 Dornen. Diese sind abgeflacht, fast schwarz oder braungelb, bis 7 cm lang, schräg nach oben gebogen. Blüten wie bei vorheriger Art. Es gibt eine unbeflockte Form (fo. *nuda*), die von manchen Autoren fälschlich als *A. crassispinum* geführt wird.	*A. niveum*
Körper ähnlich wie vorherige Art, Beflockung spärlich und unregelmäßig. Dornen biegsam, schütter den Pflanzenkörper umhüllend, einige abstehend, hornfarben. Zitronengelbe Blüte, selten mit rotem Schlund.	*A. crassispinoides*

Aussehen: Mittelgroßer bis großer, flachkugeliger bis zylindrischer Körper, meist mit fünf bis acht deutlichen Rippen, die den Körperquerschnitt sternförmig erscheinen lassen. Die Areolen mit Wollpusteln tragen nicht immer Dornen und sitzen auf dem Rippenkiel. Kleine, grauweiße Wollflöckchen überziehen in unterschiedlicher Dichte den Pflanzenkörper oder fehlen. Die Blüten entspringen aus dem Scheitel, sind gelb, zum Teil mit rotem Schlund, weit geöffnet und haben bis 6 cm Durchmesser.

Heimat: Ostmexiko bis zu den Südstaaten der USA (Texas), wo sie gemeinsam mit sehr vielen anderen Kakteenarten vorkommen. Die Winter sind hier sehr trocken bei Nachttemperaturen zwischen 5 und 10°C. Gelegentlich gibt es sogar Frost und Schnee. Im Sommer steigen die Tagesmitteltemperaturen auf über 40°C, was bei einer Höhenlage von 1000–2000 m erstaunt, jedoch auf die intensive Sonneneinstrahlung zurückzuführen ist. Die Frühjahrsniederschläge können die Verdunstung kaum ausgleichen. Erst in den Monaten Juli bis September fällt die für eine Savannenvegetation ausreichende Regenmenge.

Einmalig in der Kakteenwelt: Wollflöckchen

Schon die kleinen Sämlinge zeigen dieses Merkmal, selbst bei den Arten, die als erwachsene Pflanze keine Wollflöckchen mehr tragen. Wissenschaftler schließen daraus, dass dieses Merkmal in entwicklungsgeschichtlich früher Zeit angelegt wurde. „Nackte“ Formen (= fo. *nuda*) ohne Wollflöckchen sind spätere Reduzierungen. Dienen die Flöckchen zum Schutz vor der sengenden mexikanischen Sonne? Aber weshalb können die „weiterentwickelten“ nackten Formen dieselbe mexikanische Sonne unbeschadet überstehen?

Astrophytum myriostigma

Astrophytum ornatum

Pflege: Wichtigste Voraussetzung für einen gesunden Wuchs ist der sonnenhelle Sommerstand. Nach der Winterruhe beginnen Sie Ende März bis Anfang April mit dem Gießen, am besten an einen sonnigen Morgen. Die Pflanzen sollen bis zum Abend wieder abgetrocknet sein. Bis zur nächsten Wassergabe können gut 2–3 Wochen vergehen. Schließlich müssen erst neue Saugwurzeln gebildet werden, ehe die Feuchtigkeit von den Pflanzen aufgenommen werden kann. Von Mai bis Juni sollen Pflanzen dann ausreichend Feuchtigkeit bekommen, denn in der Zeit wollen sie wachsen und blühen. Bei hochsommerlichen Temperaturen stellen sich die Pflanzen darauf ein und erwarten keinen Regen. Sie sollten mit dem nächsten Gießen auf trübes Wetter warten. Schon ab Ende September werden die Wassergaben reduziert und ab November ganz eingestellt. Bei trockenem Stand reichen für *A. myriostigma, A. ornatum* und *A. asterias* Überwinterungstemperaturen von 8–12°C. Geringere Temperaturen vertragen die Arten aus dem Formenkreis von *A. capricorne* und *A. coahuilense.* An ihrem Heimatstandort fallen die Temperaturen im Winter auch unter 0°C. Gelegentlich gibt es sogar Schnee, allerdings bei sehr geringer Luftfeuchtigkeit. Interessant: *Astrophytum* lassen sich auch durch höhere Temperaturen nicht in ihrem „Winterschlaf" stören. Wenn sie durch rechtzeitiges Reduzieren der Wassergaben auf den Winter eingestellt sind, werden sie auch bei Zimmertemperatur im Winter nicht wachsen.

Astrophytum können in einer Liebhabersammlung 50 Jahre und älter werden. So können Sie viele Jahrzehnte Freude an Ihren *Astrophytum*-Pflanzen haben, wenn es Ihnen gelingt, die Wurzeln gesund zu erhalten. Das Pflanzsubstrat sollte deshalb rein mineralisch und über Jahre strukturstabil sein. Häufiges Umtopfen verträgt *Astrophytum* ebenso wenig wie einen verhärteten, luftundurchlässigen Wurzelballen. Der Lehmanteil – als Nährstoffträger unerlässlich – sollte mit zuneh-

Astrophytum capricorne

Astrophytum asterias

mendem Alter der Pflanzen immer geringer bemessen werden (20 % bei Jungpflanzen, bei über 10 Jahre alten Pflanzen weniger als 10 %). Ein Zusatz von Düngegips bindet die von den Wurzeln abgegebenen Säuren. Die gleiche Aufgabe erfüllt auch Superphosphat, das auch als Kopfdünger gestreut werden kann. Gleichzeitig wird damit den Pflanzen Phosphor zugeführt, der für die Blüten- und Samenentwicklung besonders wichtig ist.

Astrophytum sehen attraktiv aus und entwickeln über den Sommer große, gelbe Blüten. Für Einsteiger gut geeignet sind die rein gelb blühende Art *A. myriostigma* mit ihren vielen Varietäten und Formen sowie *A. ornatum*. Die rotschlundig blühenden Arten wie *A. asterias, A. coahuilense, A. capricorne* und Verwandte verlangen bei der Pflege etwas mehr Fingerspitzengefühl.

EXKURS: Die „Sternstunde" der Sternkakteen

Im Jahre 1827 durchstreifte der Ire Thomas Coulter zu botanischen Studien das mexikanische Hochland. Während langer Wochen hatte er viele Pflanzen bereits bestimmen und zum Verschiffen nach Europa sammeln können. Meist waren es kleinere Exemplare, die hier wuchsen. Doch was er jetzt vor sich sah, war ein dicker Säulenkaktus. Der achtrippige Pflanzenkörper war in regelmäßigen Zonen mit weißgrauen Wollflöckchen bedeckt. Nach monatelanger Reise per Segelschiff kam der sensationelle Fund mit anderen Pflanzen in den Botanischen Garten nach Genf. Der Botaniker Prof. de Candolle ordnete die neue Pflanze nach Blüte und Frucht als *Echinocactus* ein. Als Artnamen wählte er *ornatus* (lat.: = „das Geschmückte"). Damit bezog er sich auf die bis dato völlig unbekannte Beflockung des Pflanzenkörpers. Mit der Beschreibung wurde 1828 das erste *Astropytum* vorgestellt - allerdings zunächst als *Echinocactus*. Der Botaniker Galeotti entdeckte in der Gegend von San Luis, der heutigen Provinz Tamaulipas (Mexiko), einen fünfrippigen Kaktus ganz ohne Dornen, aber über und über mit Wollflöckchen bedeckt. Die vielen Flöckchen gaben Anlass zu dem Namen *myriostigma*, was so viel wie „Tausendpunkt" heißt. Nachdem weitere Kakteen mit Wollflöckchen auf dem Körper gefunden wurden, stellte 1839 Lemaire die Gattung *Astrophytum* auf. Dieser Gattungsname nimmt Bezug auf den sternförmigen Querschnitt der Kakteenarten mit den Wollflöckchen auf dem Körper.
Weitere Arten und zahllose Varietäten gelangten bis in die 1930er-Jahre nach Europa. Dann wurde es ruhiger um diese Gattung, bis 2002 ein neuer Kaktus entdeckt wurde: *Digitostigma caput-medusae*, der zunächst in keine Systematik passen wollte. Aufgrund der Blütenmerkmale und der Wollflöckchen auf dem Körper gliederte man ihn nun bei *Astrophytum* ein. Diese Gattung ist immer für Überraschungen gut!

Sternkakteen im Porträt

Astrophytum myriostigma

Diese Art ist in den Kakteensammlungen am häufigsten vertreten. Kaum ein Kakteenfreund möchte auf die seidig glänzenden, großen, gelben Blüten verzichten. Sind mehrere Pflanzen der Gattung in der Sammlung vereint, kann man beobachten, dass sich die Blüten zumeist gleichzeitig öffnen – weitestgehend unabhängig davon, wie weit die Knospen vorher entwickelt waren und wo die Pflanzen aufgestellt sind.

Astrophytum ornatum

Dieser Sternkaktus gehört gemeinsam mit *A. myriostigma* zu der entwicklungsgeschichtlich ältesten Form. Sein Verbreitungsgebiet liegt in Mexiko am Ober- und Mittellauf des Rio Moctezuma und seinen Nebenflüssen. Der nördlichste Standort liegt etwa 50 km südlich des Vorkommens von *A. myriostigma*. Überschneidungen beider Vorkommen sind nicht bekannt. *A. ornatum* wächst an den sonnenexponieren Steilhängen der Flusstäler, vorzugsweise in Kalkgestein.

Astrophytum senile var. *aureum* (jetzt bei *A. capricorne*)

Zwischen *A. capricorne* mit abgeflachten, locker stehenden Dornen und *A. senile* mit runden, vogelnestartig ineinander verflochtenen Dornen wird heute nicht mehr unterschieden. Die zahlreichen Übergänge deuten auf eine Vielzahl von Formen um eine „Stammart“ hin. Andererseits wurde in der Vergangenheit sogar die gelbdornige Form von *A. senile* als eigenständige Art angesehen. Im Gegensatz zu *A. capricorne* trägt *A. senile* keine Wollflöckchen auf seinem Körper.

Astrophytum asterias

Drei Exemplare dieser Art wurden 1843 nach Europa geschickt, aber keines überlebte. So galt diese Art lange Zeit als verschollen oder zweifelhaft. Erst 80 Jahre später, auf der von Kakteen-Haage vorbereiteten und finanzierten Sammelreise nach Mexiko, gelang dem Kakteensammler A. Frič die sensationelle Wiederentdeckung dieser Art. Der Standort, östlich der anderen *Astrophytum*-Vorkommen gelegen, ist wärmer und feuchter. Umso verwunderlicher ist es, dass Sämlinge und Jungpflanzen nässeempfindlich sind.

Astrophytum asterias 'Super Kabuto'

Die Züchtung im Pflanzenreich befasst sich fast immer mit der Veränderung der Blüten. Nur in Ausnahmefällen ist die Veränderung des Pflanzenkörpers Zuchtziel, so bei der *Astrophytum*-Züchtung. Beispielsweise wurde in Japan sehr erfolgreich an der Veränderung des Aussehens von *Astrophytum* gearbeitet. Aus Kreuzungen von *A. asterias* mit *A. coahuilense* entstand die Sorte 'Super Kabuto'.

Astrophytum caput-medusae

Im August 2001 entdeckte ein mexikanischer Kakteenfreund eine *Astrophytum*-Blüte. Die dazugehörige Pflanze hatte mit *Astrophytum* allerdings kaum Ähnlichkeit. Der Pflanzenkörper bestand aus etwa zehn langen, schlanken „Tentakeln“ mit wenigen Borsten am Ende. An der Basis mündeten sie in einen mit Borstenhaaren umgebenen Kopf einer dicken Rübenwurzel. Auffällig war auch die geteilte Areole: Die Blüte entsprang aus dem letzten Drittel des Triebes. Zuerst wurde diese Neuentdeckung als *Digitostigma* beschrieben, aber nun aufgrund der Blütenmerkmale zu *Astrophytum* gestellt.

Igel- und Lamellenkakteen

Echinocactus

Aussehen: Großer Kugelkaktus mit zahlreichen tiefen, kielförmigen Rippen. Diese münden in einen dicht bedornten Scheitel, der bei Erreichen der Blühfähigkeit Wolle trägt. Allerdings dauert das in unseren Breiten mehrere Jahrzehnte. Ausschlaggebend für den Blütenansatz sind Sonnensscheindauer und -intensität. Die Dornen können wie bei *Ferocactus* abgeflacht, nach unten gebogen und mit Querriefen versehen sein, aber nie sind sie am Ende hakenförmig oder auffallend farbig. Sehr dekorativ sind die goldgelben Dornen von *E. grusonii*. Bei anderen Arten sind die Dornen in der Scheitelzone braungelb, rötlich oder schwarzbraun, um dann bald zu vergrauen. An den Areolen bildet sich ein kurzer Wollfilz, der sich manchmal auf den Rippen als zusammenhängendes Filzband fortsetzt. Die Blüten ragen nur unwesentlich aus der Scheitelwolle. Ihr Kelch ist von stechenden Schuppen umgeben. Jungpflanzen bilden zunächst keine Rippen, sondern nur Höcker, auf denen die Dornenpolster sitzen. Erst nach einigen Jahren formieren sie sich zu Rippen.
Heimat: Mexiko, Südwesten der USA. Durch die zunehmende Urbanisierung sind an vielen Standorten die Pflanzenbestände fast ausgerottet.

„Altes Goldstück"

Bis zu Beginn des 20. Jahrhunderts waren unter *Echinocactus* fast alle Kugelkakteen außer *Mammillaria* zusammengefasst. Heute rechnet man nur noch sechs Arten zu dieser Gattung. Am bekanntesten und in den Sammlungen an meisten verbreitet ist *E. grusonii*, der aufgrund seiner dichten, gelben Bedornung „Goldkugelkaktus" genannt wird.

Echinocactus grusonii, Jungpflanze

Pflege: Im Winter wollen die Pflanzen trocken stehen bei Temperaturen, die nicht längere Zeit unter 10°C sinken sollten. Für den Sommer kommt ein Standort im Freien dem Lichtbedürfnis der Pflanzen sehr entgegen. Zum Ausräumen warten Sie trübes Wetter ab, oder Sie müssen die Pflanzen schattieren, um sie vor Verbrennungen zu schützen. Während der Vegetationszeit sollten die Pflanzen nie ganz austrocknen. Sofern Sie auf eine möglichst dichte Bedornung Wert legen, sollten die Wassergaben sehr sparsam ausfallen. Man kann *E. grusonii* mit reichlich Wasser und Düngung zwar zu erstaunlichem Zuwachs bringen, aber das geht auf Kosten der dichten Bedornung. Das Pflanzsubstrat soll durchlässig und strukturstabil sein. In reinem Torf kultivierte Pflanzen sollten Sie schnell umtopfen. Sobald dieses Substrat einmal ausgetrocknet ist, bekommt man es nur mit viel Mühe wieder feucht.

E. grusonii wird als attraktive Zierpflanze in großen Stückzahlen auf den Kanarischen Inseln im Feldanbau und in den Niederlanden in Gewächshäusern vermehrt. Der Unterschied zwischen den Anbauverfahren ist unverkennbar: Die unter der südlichen Sonne gewachsenen Pflanzen sind flach und so dicht bedornt, dass man vom Pflanzenkörper nichts sieht. Weiter nördlich kultivierte Pflanzen sind schwammig grün und nur locker mit dünnen Dornen besetzt.

Stenocactus (ehemals *Echinofossulocactus*)

Aussehen: Mittelgroß, kugelig oder dickzylindrisch. Das unverkennbare Merkmal für Arten dieser Gattung sind die zahlreichen, gewellten, lamellenartigen Rippen, bei *S. multicostatus* weit über 100. Lediglich *S. coptonogonus* hat nur 10–15 breite, glatte Rippen. Diese Art weist sich aber durch ihre typisch gestreifte Blüte als *Stenocactus* aus. Man kann deutlich zwischen Rand- und Mitteldornen unterscheiden: Die Randdornen sind fein und mehr oder weniger anliegend, während die Mitteldornen kräftig sind und abstehen. Häufig ist einer nach oben gestellt und abgeflacht, bei *S. phyllacanthus* kann er bis 8 cm lang werden. Die Dornen sind gelb bis hornfarben, im Neutrieb auch rötlich oder bräunlich, manchmal mit dunkler Spitze. Im Alter vergrauen sie. Die Areolen stehen mit Abstand auf den Rippen, so dass zwischen den Dornen die welligen Rippen gut zu sehen sind. Aus dem oft wolligen Scheitel erscheinen im zeitigen Frühjahr die becher- oder glockenförmigen, 3–4 cm langen Blüten. Die Blütenblätter haben einen dunkelvioletten Mittelstreifen und werden zum Rand hin heller. Auch gelbe Blütenfarben (*S. phyllacanthus*) und fast weiße (*S. kellerianus, S. multicostatus*) kommen vor. Die Blüten halten sich bis zu zehn Tagen. Da Blüten und Dornen sehr variabel und mittlerweile zahlreiche Hybriden im Umlauf sind, ist eine sichere Bestimmung der Arten sehr schwierig.

Heimat: Mittel- und Nordmexiko. Die Pflanzen wachsen dort im trockenen Grasland.

Pflege: Zur Überwinterung ist ein heller, kühler Standplatz bei 5–10 °C wünschenswert. Wassergaben sind nicht nötig. Die Vegetationsperiode beginnt im zeitigen Frühjahr mit dem Knospenansatz. Ab der Zeit sollten Sie regelmäßig gießen. Im Sommer schützt etwas Schatten vor Verbrennungen. Als Substrat für *Stenocactus* empfiehlt sich eine durchlässige, mineralische Mischung mit einem Humusanteil von etwa 20 %. Sämlinge und Jungpflanzen bilden zunächst nur Höcker, auf denen die Areolen sitzen. Erst im Alter von zwei bis drei Jahren entwickeln sich die typischen Rippen.

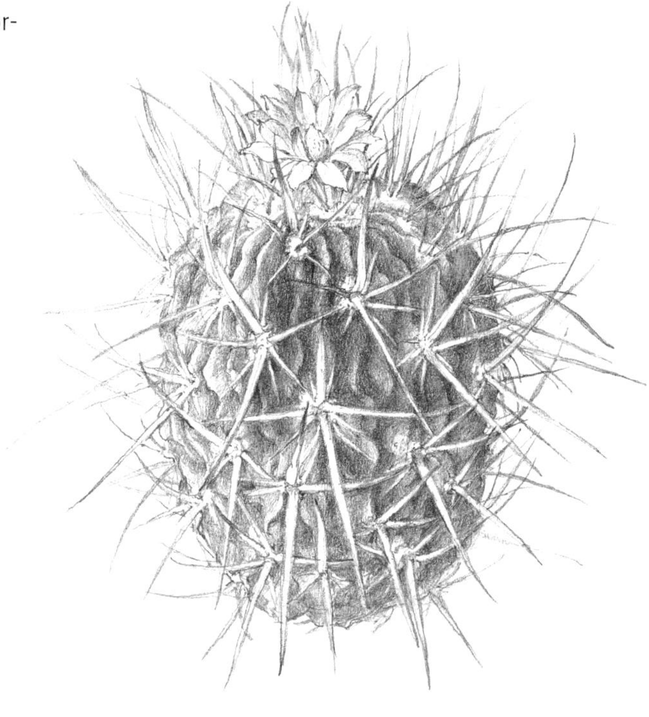

Stenocactus heteracanthus

Der Tonnenkaktus

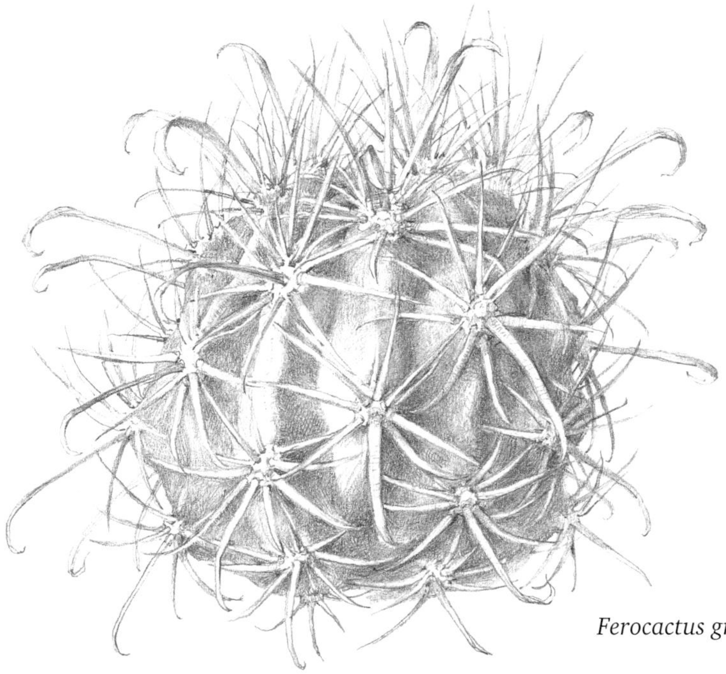

Ferocactus gracilis

Systematik: *Ferocactus* ist mit *Echinocactus* sehr nahe verwandt. Während bei *Ferocactus* der Scheitel nur Dornen trägt, ist er bei *Echinocactus* im blühfähigen Alter dicht bewollt ist und die Dornen sind so kurz, dass sie nicht über die Scheitelwolle hinausragen.
Aussehen: Im Verlauf vieler Jahre nimmt *Ferocactus* tonnenförmige Dimensionen an. Doch zunächst ist er flachkugelig bis eiförmig mit scharfen, kielförmigen Rippen. Bei ganz jungen Pflanzen sind diese noch in einzelne Höcker aufgelöst. Die Zierde der Pflanzen sind die Dornen. Bei vielen Arten sind Mittel- und Randdornen in Form und Farbe deutlich unterschieden. Die Randdornen sind oft dünn, borstig bis haarig, grauweiß bis gelblich, die Mitteldornen dagegen derb, zum Teil ineinander verflochten oder abstehend. Einer oder mehrere mittlere Dornen können besonders lang sein, bei *F. townsendianus* bis zu 10 cm. Dabei sind diese mittleren Dornen oft abgeflacht, bei *F. latispinus* bis 5 mm breit und mit Querriefen versehen, meist nach unten gerichtet und am Ende hakig gebogen. Häufige Farben sind leuchtendes Rot, Bernsteinfarben, Braun oder fast Schwarz. *F. latispinus* hat wegen seiner breiten, manchmal leuchtend roten Mitteldornen auch den Beinamen „Teufelzunge“ erhalten. Die Gestaltung der Dornen kann sogar innerhalb einer Art sehr verschieden sein. Die Unterscheidung der Arten richtet sich hauptsächlich nach Merkmalen, die vom Aufbau der Früchte und der Samen bestimmt sind.

Im Vergleich zu den Dornen sind die kranzförmig um den Scheitel erscheinenden Blüten eher unscheinbar. *Ferocactus* zählen nicht gerade zu den blühfreudigen Kakteen. Die kurze Blütenröhre ist außen von breiten Schuppen umgeben – sicher zum Schutz, wenn sich die Knospen durch das Dornengewirr zwängen müssen. Je nach Art können die Blüten rot, orange bis ocker oder braunviolett sein. Vielfach tragen die Blütenblätter einen dunkleren Innenstreifen, während die Ränder heller gefärbt sind. Es gibt sowohl Frühjahrsblüher als auch Arten, bei denen die Blüten später angelegt werden. Die im Frühjahr blühenden Arten erfreuen uns auch unter mitteleuropäischen Bedingungen mit ihren Blüten, wenn die Pflanzen das entsprechende Alter erreicht haben. *F. fordii* blüht bereits als faustgroße Pflanze. „Erste“ im Frühjahr sind die

Knospen von *F. macrodiscus*, auch *F. schwarzii* entwickelt seine Blüten früh im Jahr. Dagegen hängt es bei den sommerblühenden Arten von den Sonnenscheinstunden ab, ob die Blüten bei uns überhaupt zur vollen Entwicklung kommen. *F. latispinus* blüht gewöhnlich im Spätsommer oder Herbst, sofern dann ausreichend die Sonne scheint. Fehlen Sonnenlicht und -wärme, vertrocknen die bereits ausgebildeten Knospen. Relativ sicher blüht dagegen *F. hamatacanthus*. Er wurde früher der Gattung *Hamatocactus* zugeordnet. Mit seinen bis zu 8 cm langen, hakig gebogenen Mitteldornen ist er auch ohne Blüten schon eine imposante Erscheinung. Die gelben Blüten mit dem roten Schlund können 8 cm im Durchmesser erreichen, das ist für einen *Ferocactus* sehr groß.

Heimat: Trockengebiete im Südwesten der USA und Nordwesten von Mexiko. Die Pflanzen wachsen dort im Laufe von Jahrzehnten zu tonnenschweren, dickzylindrischen Kolossen heran. So kann *F. cylindraceus* bis 3 m groß werden und dabei einen Durchmesser von über 50 cm erreichen. Andere Arten (*F. robustus*) sprossen und bilden im Laufe der Zeit vielköpfige Polster von mehreren Metern Durchmesser. In diesen sonst kargen Gebieten prägen *Ferocactus* die Vegetation.

Pflege: Für die meisten Arten ist eine Überwinterungstemperatur von minimal 8°C ausreichend. Nur die niederkalifornischen Arten, zum Beispiel *F. latispinus*, sind empfindlicher und sollten wärmer überwintert werden. Auf das Gießen können Sie über den Winter ganz verzichten, dagegen müssen Sie während der Wachstumszeit von April bis Juli Ihren *Ferocactus* mit reichlich Wasser versorgen. Ein vollsonniger Platz – den Sommer über im Freien mit Schutz vor Dauerregen – ist optimal. Bei der Umstellung ins Freie sollten Sie die Pflanzen allmählich an direktes Sonnenlicht gewöhnen und sie zunächst schattieren. Bis August haben sie genug Wasser aufgenommen und sollten allmählich das Wachstum beenden. Ab Ende Oktober werden die Wassergaben ganz eingestellt. Das Pflanzsubstrat sollte mineralisch mit Lehmanteil und dabei grob strukturiert sein. Da die Arten von *Ferocactus* nur langsam wachsen und schon als Jungpflanze sehr dekorativ aussehen, sind sie bestens für die heimische Kakteensammlung geeignet.

Besonderheit: „Nektardrüsen“

Häufig findet man an den Areolen Drüsen, die einen nektarähnlichen Saft ausscheiden. In der Heimat werden damit Ameisen angelockt, die zur Verbreitung der Samen beitragen. Solche „Nektardrüsen“ finden wir auch bei Arten von *Coryphantha*. Bei uns hat dieser süßliche Saft den unangenehmen Nebeneffekt, dass sich darauf Sternrußtau ansiedelt und die Pflanzen schmutzig aussehen lässt. Durch Abpinseln mit lauwarmem Wasser kann man diesen „Makel“ beseitigen.

Ferocactus (Hamatocactus) hamatacanthus

Igel-, Lamellen- und Tonnenkakteen im Porträt

Echinocactus ingens

Die Sierra Madre im Gebiet von Hidalgo ist die Heimat von *E. ingens*. Der Name deutet auf die massige Größe hin, die diese Pflanzen erreichen können. Kakteensammler wissen von Exemplaren zu berichten, deren Alter auf über 500 Jahre geschätzt wird. Leider fallen auch solche Exemplare den verschiedensten Baumaßnahmen zum Opfer.

Echinocactus grusonii

Seinen Namen erhielt die Art zu Ehren des Industriellen, Geheimrat Hermann Gruson (1821–1895) aus Magdeburg. *E. grusonii* ist an seinem heimatlichen Standort so gut wie ausgerottet. Ganz selten werden noch alte Exemplare mit fast 1 m Durchmesser gefunden. Dagegen ist er in Kultur problemlos aus Samen zu vermehren.

Echinocactus horizonthalonius

Diese Art ist von Nordmexiko bis zu den Südstaaten der USA zu finden. Der flachkugelige, blau bereifte Körper mit wulstigen Rippen wird durch die derben, von unten nach oben übereinander liegenden Dornen wie durch ein schmiedeeisernes Gitter geschützt. Die Aufzucht aus Samen gelingt nur selten.

Ferocactus histrix

Oberflächlich betrachtet ähnelt er *E. grusonii*. Der Unterschied: *Echinocactus* bildet Scheitelwolle, aus der sich später die Blüten schieben. *F. histrix* legt die Knospen schon im Frühjahr an, so dass die Blüten im Sommer erscheinen – und das in einem Alter, wo bei *E. grusonii* noch lange nicht an Blüten zu denken ist!

Ferocactus pilosus

In Zentral- bis Nordmexiko sind imposante Vertreter dieser Art zu finden. Bis 3 m hoch, meist in großen Gruppen, bilden sie markante Punkte in der Landschaft. Besonders auffällig sind die leuchtend rot, manchmal auch gelb gefärbten Dornen. Auch kleinere Pflanzen zeigen schon ihre Schönheit.

Stenocactus heteracanthus

In Mexiko, in sehr trockenen Gebieten zwischen den beiden Gebirgsmassiven der Sierra Madre, liegen die Standorte von *Stenocactus*. Die Pflanzen wachsen verborgen im steinigen Grasland und warten den größten Teil des Jahres auf den nächsten Regen. Zahlreiche gewellte Rippen kennzeichnen die Gattung.

Ferocactus emoryi

In seiner Heimat, in Arizona und in der Sonorawüste, erreicht dieser Kaktus eine Körpergröße bis zu 2,50 m bei einem Durchmesser von 1 m. Die Dornen bei einer ausgewachsenen Pflanze können bis zu 10 cm lang werden. Die Bedornung vermittelt schon optisch den Eindruck von Undurchdringlichkeit.

Stenocactus coptonogonus

Unter den Vertretern von *Stenocactus* ist diese Art mit nur etwa 12 dicken, nicht gewellten Rippen die Ausnahme.
Die Blüte weist sie aber deutlich als *Stenocactus* aus. Der becherförmige Blütenbau, die längs gestreiften Blütenblätter sowie der beschuppte Blütenkelch zeigen die Verwandtschaft zur Gattung *Ferocactus*.

Schuppenwarzige und andere seltene Kakteen

Leuchtenbergia

Aussehen: Die Gattung *Leuchtenbergia* umfasst nur die eine Art *L. principis*. Sie bildet bis 12 cm lange, abstehende, blaugrüne, prismenförmige Warzen. Diese entspringen einem runden Pflanzenkörper, der sich als Rübenwurzel in der Erde fortsetzt. Die Warzen tragen am Ende graufilzige Areolen mit bis zu 10 cm langen, bastartigen, teils abgeflacht-verdrehten Dornen. Die Blüten werden an den Spitzen der jüngsten Warzen im Scheitel gebildet. Sie werden bis 8 cm lang, sind trichterförmig, seidig glänzend, gelb und halten mehrere Tage.
Heimat: Mittel- bis Nordmexiko an vielen trockenen Standorten bis in 1800 m Höhe, aber fast nie in großen Stückzahlen. Meist stehen sie inmitten von Gruppen der weit verbreiteten *Agave lechugilla*, von denen sie kaum zu unterscheiden sind.
Pflege: *Leuchtenbergia* möchte im Winter kühl und ganz trocken stehen. Auch im Frühjahr soll sie nur wenig Wasser bekommen. Erst im Sommer wird regelmäßig, aber nie zu viel und möglichst von unten gewässert. Der Hauptwasserbedarf ist im Juli und August, wenn sich die Knospen entwickeln. Zum Topfen empfiehlt sich mineralisches, lehmhaltiges, aber lockeres Substrat. Verwenden Sie hohe Töpfe, die der Rübenwurzel genügend Raum nach unten bieten. *Leuchtenbergia* wächst recht langsam. Im Alter von sechs bis acht Jahren können Sie die ersten Blüten erwarten. In einer Liebhabersammlung kann *Leuchtenbergia* ein beträchtliches Alter erreichen. Der Körperbau lässt es nicht vermuten, aber es besteht eine nähere Verwandtschaft zwischen *Leuchtenbergia* und *Ferocactus*. Zu diesem Schluss kommt man, nachdem es gelungen ist, Hybriden zwischen Arten der beiden Gattungen zu erzielen.

Leuchtenbergia principis

Ariocarpus

Aussehen: Die mittelgroße Pflanze wird aus rosettenförmig angeordneten, harten „Schuppen" gebildet, die an der Basis in eine dicke Rübenwurzel übergehen. Die Blüten erscheinen aus der Scheitelwolle, je nach Witterungsverlauf erst im September oder Oktober. Sie sind meist karminrosa, bei *A. retusus* weiß, bei *A. retusus* subsp. *trigonus* gelblich.
Heimat: Vorrangig in Mexiko, in der östlichen Sierra Madre, zum Teil in über 1000 m Höhe. Durch rücksichtslose Sammeltätigkeit sind sie in ihrer Existenz stark gefährdet und wurden deshalb in den Anhang I des Washingtoner Artenschutzabkommens aufgenommen.

Die Gestalt der „Schuppen“ …	… weist auf folgende Art hin:
Schuppen dreieckig, etwa so breit wie lang,	
→ mit runzliger Oberfläche und wolliger Furche	*A. kotschoubeyanus, A. fissuratus*
→ oberflächlich glatt, ohne wollige Furche	*A. retusus*
Schuppen deutlich länger als breit, fast zierlich, locker nach oben gebogen,	
→ kurz unterhalb der Spitze mit wolliger Areole	*A. agavoides*
→ derber, am Ende zugespitzt ohne Areolenpolster	*A. retusus* subsp. *trigonus*
→ kürzer, am Ende abgeflacht	*A. scaphirostris*

Pflege: Den Winter über vertragen *Ariocarpus* kein Wasser an ihren Wurzeln. An einem hellen Platz dicht unter dem Gewächshausdach können sie ungestört stehen. Ob es bei Sonneneinstrahlung dort sehr heiß wird oder es sich nachts bis nahe 0°C abkühlt, stört sie in ihrem Winterschlaf wenig. Vor Ende April wird nicht gegossen. Die Wasserzufuhr sollte von unten erfolgen. Zwischen den Wassergaben muss das Substrat immer wieder abtrocknen. Die Hauptvegetationszeit mit der Blüte liegt im Herbst. Als Pflanzsubstrat verwenden Sie eine grob strukturierte, mineralische Mischung mit einem Lehmanteil von 20 bis 30 %.

Obregonia denegrii

Ariocarpus retusus

Obregonia

Aussehen: Flachkugeliger Körper, der von spiralig angeordneten flachen, unterseits gekielten, harten, blattartigen „Schuppen“ umgeben wird. Im Gegensatz zu den „Schuppen“ von *Ariocarpus* sind diese hier viel zahlreicher und tragen an der Spitze ein Dornenpolster mit 3–4 kurzen Dornen. Die Blüten erscheinen wie bei *Ariocarpus* aus dem wolligen Scheitel. Sie sind kleiner und gelblichweiß. Die Gattung *Obregonia* umfasst nur die eine Art *O. denegrii*. Für Heimat und Pflege trifft das bei *Ariocarpus* Gesagte zu. Sie sollten *Obregonia* allerdings vor extremer Sonne schützen!

Schuppenwarzige und andere seltene Kakteen im Porträt

Leuchtenbergia principis

Aus den großen, gelben Blüten entwickeln sich nach erfolgreicher Bestäubung blaugrüne Samenbeeren. Allerdings sind die Pflanzen selbststeril: Zur Ausbildung keimfähiger Samen kommt es nur, wenn der Pollen aus der Blüte einer anderen Pflanze stammte. Die Samen sind schwarz, rund und verhältnismäßig groß.

Ferobergia-Gattungshybride

Hier eine Kreuzung zwischen *Leuchtenbergia* und *Ferocactus*. Deutlich erkennt man Merkmale beider Elternteile in der Pflanze vereint. Weitere Kreuzungen zwischen *Leuchtenbergia* und *Thelocactus* sowie zwischen *Leuchtenbergia* und *Astrophytum* sind auch schon gelungen.

Obregonia denegrii

In seiner Heimat wächst *O. denegrii* als flache Rosette – meist von Staub und Geröll überdeckt – im Schutz von Dornengestrüpp. In Kultur sollten sie am besten nur von unten bewässert werden, damit keine Feuchtigkeit zwischen die „Schuppen" gelangt.

Ariocarpus retusus

Die Pflanze bildet eine Rosette bis 25 cm Durchmesser aus derben, dreieckigen Schuppenwarzen. Diese sind glatt, unten gekielt und olivgrün gefärbt. Unter der dichten Scheitelwolle entwickeln sich die Knospen, die sich im September / Oktober zu etwa 5 cm großen, blassrosa Blüten entfalten.

Ariocarpus retusus subsp. trigonus

Sie wurde früher als eigenständige Art geführt. Grund waren die deutlich längeren, schmalen, nach oben gebogenen Schuppenwarzen. Aus dem wolligen Scheitel erscheinen im Spätsommer bei erwachsenen Pflanzen meist mehrere, zuweilen über 5 cm große, cremegelbe Blüten.

Ariocarpus agavoides

Erst im Jahre 1928 wurde *Ariocarpus agavoides* von Friedrich Ritter entdeckt und zunächst als *Neogomesia* beschrieben. Wie der Name vermuten lässt, ist die Pflanze einer schmalblättrigen Agave ähnlicher als einem Kaktus. Die bis zu 4 cm langen Warzen werden nur ca. 0,6 cm breit. Eine wollige Areole sitzt etwa 1 cm von der Warzenspitze entfernt.

Ariocarpus kotschoubeyanus

Die flache Rosette wird bis zu 7 cm Durchmesser groß. Die Warzen sind schuppenförmig, flach mit filziger Mittelfurche. Die Pflanzen beginnen schon im Alter von drei bis vier Jahren zu blühen. Oft sind dann die roten Blüten größer als der Pflanzendurchmesser!

Ariocarpus scaphirostris

Die Schuppenwarzen dieser Pflanzen sind schräg aufwärts stehend, bis 4 cm lang, aber nur 1,5 cm breit und im Querschnitt dreieckig. Am Ende laufen sie wie ein Bootsbug aus. Daraus ist auch der Name „bootsschnabelförmig" abgeleitet. In der Heimat wachsen sie auf unfruchtbaren Schieferhügeln.

Mexikanischer Buckelwarzen- und Rauschgiftkaktus

Thelocactus

Systematik: Die nur wenig mehr als zehn Arten der Gattung *Thelocactus* hätte man sicher schon der Gattung *Ferocactus* oder *Echinocactus* zugerechnet, würden nicht die blühfähigen Areolen eine kurze Furche ausbilden, an deren Ende die Blüten entstehen. Für Botaniker ist dieses kleine Merkmal ein Hinweis auf die nähere Verwandtschaft von *Thelocactus* zu *Escobaria* und *Coryphantha*.

Aussehen: Mittelgroßer, flachkugeliger bis zylindrischer Körper mit bis zu 20 Rippen, die häufig in konische Höcker aufgelöst sind. Der Scheitel trägt Wolle oder dichte, nach oben gerichtete Dornen. Die Dornenfarbe reicht von Weiß, Gelbtönen, Rot, Braun bis hin zu Schwarz. Die Mitteldornen sind manchmal abgeflacht. Ältere Dornen vergrauen oder werden raufaserig. Am häufigsten ist *T. bicolor* in den Sammlungen vertreten. Mit 8–10 cm Durchmesser gehört er zu den kleinbleibenden Arten. Er ist besonders schön bedornt: mit mehreren, bis 5 cm langen Mitteldornen, die meist zweifarbig sind (rot mit weißer Basis und Spitze). Die farbige Bedornung verleiht den Pflanzen ein auffälliges, sehr attraktives Aussehen. Das wird gesteigert, wenn sie von Mai bis September ihre großen, seidig glänzenden Blüten entfalten. Die Zweifarbigkeit, Karminrosa mit dunkel orangerotem Schlund, war wohl ausschlaggebend für die Namensgebung. Die anderen Arten von *Thelocactus* blühen erst in höherem Alter. Ihr Körper ist graugrün und meist nur locker von wenigen, derben Dornen umgeben. Eine Ausnahme bildet *T. setispinus* (Syn. *Hamatocactus setispinus*) mit zehn oder mehreren deutlichen Rippen: Die hornfarbene Bedornung bedeckt den gesamten Körper, wobei die Mitteldornen spazierstockartig gekrümmt sind. Die gelben Blüten mit rotem Schlund erscheinen schon bei jungen Pflanzen. Diese Art ist leicht aus Samen zu ziehen, wächst gut und ist sehr anspruchslos.

Thelocactus bicolor

Heimat: Das Vorkommen von *Thelocactus* reicht vom trockenen mexikanischen Hochland bis zu den Südstaaten der USA (Texas), wo sie gemeinsam mit vielen Kakteen anderer Gattungen wachsen. Im Winter ist es hier trocken und nachts empfindlich kalt. Die Sommer sind trotz der Höhenlage von 1200–2500 m sehr heiß. Gelegentliche ergiebige Niederschläge lässt die Sonne schnell wieder verdunsten.

Pflege: Trocken überwintern bei 6–10 °C. *T. hexaedrophorus* benötigt einen wärmeren Stand bei 10–12 °C. Mit dem Gießen warten Sie besser bis Mitte April. Im Sommer liebt *Thelocactus* einen sonnenwarmen Platz. Die Pflanzen benötigen regelmäßige, aber sparsame Wassergaben. Als Pflanzsubstrat ist mineralische Erdmischung zu empfehlen. Die Pflanzen wachsen langsam und nur bei vollsonnigem Sommerstand entwickeln sie sich zu ihrer vollen Schönheit.

Lophophora

Systematik: Nur zwei Arten werden derzeit anerkannt: *L. williamsii* mit rosa Blüten, sichtbaren Rippen und blau- graugrünem Körper, sowie *L. diffusa* mit beige bis grünweißlichen Blüten, flachen Höckern, die sich nicht zu Rippen vereinen, und gelblich-graugrüner Körperfarbe.

Aussehen: Der flachkugelige, glatte Körper ohne Dornen, aber mit eingesenktem Scheitel wächst einzeln oder in Gruppen. Die Oberhaut erscheint weich, wie samtig-graugrün, manchmal mit Tendenz ins Bläuliche. Rippen sind nur andeutungsweise zu erkennen oder in einzelne flache Höcker aufgelöst. Die Areolen tragen nur einen wolligen Borstenpuschel. Derart unbedornte Kakteenarten gibt es nur wenige: *Echinocereus knippelianus* ist nicht so flachkugelig und dunkelgrün gefärbt; *Astrophytum asterias* bildet für die Gattung typische Wollflöckchen. Bei *Lophophora* erscheinen die Blüten im Scheitel, erreichen aber nur einen Durchmesser von 1–2 cm und sind beige, weißlich oder rosa. *Lophophora* entwickeln eine dicke, ohne Einschnürung vom Körper übergehende Rübenwurzel.

Heimat: Das Vorkommen von *Lophophora* erstreckt sich von den südlichen USA entlang des Rio Grande bis in den Norden von Mexiko (Chihuahua). Klimatisch sind das sehr trockene Winter und geringe Niederschläge im Frühjahr. Die Hauptniederschlagsmenge fällt in den Monaten Juli bis September. Die Pflanzen wurzeln in Kalkschotterböden. Während der Trockenzeit ziehen sich die Pflanzen in den Boden zurück und sind dann fast nicht zu sehen. Von einheimischen Indianerstämmen wird *Lophophora* zu religiösen Kulthandlungen verwendet. Die Pflanzen enthalten den halluzinogenen Wirkstoff Meskalin.

Pflege: Über den Winter genügen bei trockenem Stand Temperaturen zwischen 6 und 12°C. Mit dem Gießen beginnen Sie erst im April. Es ist zu beachten, dass *Lophophora* mehr Wasser aufnehmen würden, als ihnen zuträglich ist. Deshalb muss man ihnen die Wassermenge „rationieren“, wenn sie nicht platzen sollen. Den Sommer über wollen *Lophophora* luftig, warm und sonnig stehen, mit etwas Schutz gegen Prallsonne. Hohe Pflanzgefäße bieten den Rübenwurzeln genügend Raum, oder man pflanzt sie zu mehreren in einen großen Topf. Das Substrat soll mineralisch und locker sein. Eine Mischung aus Lehm Bims, Ziegelsplitt und Kalkmergel ist bestens geeignet.

Lophophora williamsii

Der Kreiselfruchtkaktus

Turbinicarpus schmiedickeanus subsp. macrochele

Systematik: In die Gattung *Turbinicarpus* werden heute mehrere Arten einbezogen, die früher wegen abweichender Dornenbildung eigenen Gattungen zugeordnet waren. So werden viele Kakteenfreunde *T. beguinii* und *T. gielsdorfianus* noch als *Gymnocactus* oder *Neolloydia* kennen. *T. pseudopectinatus* hat anliegend kammartig gestellte Dornen und bei *T. valdezianus* sind die Dornen kurz gefiedert und stehen als Büschel auf zylindrischen Warzen. Sie wurden eine Zeitlang der Gattung *Pelecyphora* zugeordnet, bis für sie eine eigene Gattung *Normanbokea* beschrieben wurde. Nun werden sie zu *Turbinicarpus* gestellt, da hier bei einigen Jugendformen ähnliche Dornen vorkommen. Ganz sicher ist aber auch diese Entscheidung noch nicht die letzte.

Aussehen: Die Pflanzen bleiben klein, sind kugelig, grau- bis bläulichgrün, selten sprossend und stehen meist einzeln. Der Körper hat mehr oder weniger flache, spiralig angeordnete Höcker und einen wolligen Scheitel. Die Dornen können kurz, dick und spröde sein – manchmal nur ein oder zwei je Areole – und später abfallen (*T. schmiedickeanus, T. lophophoroides*). Andere Arten tragen längere, borstige Dornen (*T. pseudomacrochele*). Schon Ende des Winters können Sie bei etlichen *Turbinicarpus*-Arten dicke Knospen im Scheitel der Pflanzen beobachten. Schnell nehmen diese an Größe zu, um an einem sonnigen Tag, oft schon Anfang März, ihre schönen Blüten weit zu öffnen. Der Fruchtknoten ist von schuppenförmigen Kelchblättern umgeben. Die Blütenblätter sind schmal, lanzettlich, meist beige oder rosa bis violettrot, oft mit einem dunkleren Mittelstreifen. Bei Jungpflanzen sind die Blüten häufig größer als der Pflanzenkörper.

Heimat: Östliche Sierra Madre, die das Hochland von Mexiko abschließt. Das Klima dieser Gebiete ist sonnig und trocken. Die Temperaturen steigen im Sommer auf über 40°C und fallen in niederschlagsarmen Wintern gelegentlich auch unter 0°C. Erst ab April bringen feine Nieselregen etwas Feuchtigkeit. In den Folgemonaten nehmen die Niederschlagsmengen zwar zu, aber auch die Durchschnittstemperatur steigt, und so bleibt für die Pflanzen nicht viel Feuchtigkeit übrig. Erst in der zweiten Jahreshälfte fallen für eine kurze Vegetationsperiode ausreichende Niederschlagsmengen. Ab Ende September wird es dann schon wieder trocken. Das Gestein der östlichen Sierra Madre besteht meist aus Kalk oder Gips, so dass die Niederschläge schnell versickern. Größere Niederschlagsmengen fallen als Sturzregen, die oberflächlich sofort ablaufen. Die verbleibende Feuchtigkeit verdunstet aufgrund der intensiven Sonneneinstrahlung. Kakteen aus diesen Gebieten bilden meist Rübenwurzeln, mit denen sie die Feuchtigkeit in beträchtlicher Tiefe erreichen. Durch rücksichtsloses Absammeln oder andere Eingriffe in die natürlichen Lebensräume sind schon etliche Arten so stark dezimiert, dass alle Arten der Gattung *Turbinicarpus* in die Liste der vom Aussterben bedrohten Pflanzen aufgenommen wurden.

Pflege: Stellen Sie die Pflanzen im Winter kühl, hell und trocken auf. Auch wenn sich die ersten Knospen der Frühjahrsblüher zeigen, halten Sie die Pflanzen noch trocken. Erst im April beginnen Sie an einem sonnigen Tag mit dem Gießen, so dass die Pflanzen bis zum Abend wieder abgetrocknet sind. Wassergaben von unten sind empfehlenswert. Sie entsprechen der Natur der Pflanzen und so bleibt auch die Scheitelwolle erhalten. Für alle *Turbinicarpus* gilt eine vorsommerliche Wachstumsruhe mit Trockenheit und vielleicht sogar etwas Schatten. Ab Mitte Juli bis September dürfen sich die Pflanzen noch einmal richtig vollsaugen und für die lange Winterruhe vorsorgen. Während des Winters verlieren die Pflanzen an Volumen und werden teilweise ganz flach. *Turbinicarpus* wachsen nur langsam und werden nicht sehr groß. Einen beträchtlichen Teil des Pflanzenkörpers macht die lange Rübenwurzel aus. Am besten topfen Sie mehrere Pflanzen zusammen in ein größeres Gefäß oder Sie verwenden gleich Rübenwurzlertöpfe. Als Pflanzsubstrat dient eine mineralische Mischung aus Bims, Blähschiefer, Lavalit und Ziegelsplitt. Ein Anteil Lehm ist als Nährstoffträger notwendig, muss aber so bemessen sein, dass die Mischung nicht verschlämmt. Je nach der Beschaffenheit der anderen Bestandteile kann der Lehmanteil 10 – 25 % betragen. Neuerdings verwendet man als Nährstoffträger auch Zeolith. Es behält seine körnige Struktur, so dass die Gefahr des Verschlämmens nicht besteht. Allerdings ist es handelsüblich nährstofffrei und muss vor der Verwendung mit einer Düngerlösung „aufgetankt“ werden.

Turbinicarpus (Gymnocactus) beguinii

Buckelwarzen-, Rauschgift- und Kreiselfruchtkaktus im Porträt

Thelocactus bicolor

Einer der kleinen unter den Thelokakteen, aber mit den größten Blüten! Seidig glänzend, leuchtend violettrosa, im Schlund kräftig orangerot und bei der Varietät *tricolor* mit einer weißen Zone – was will man mehr? Die Pflanzen können bis 20 cm hoch werden bei etwa 10 cm Pflanzendurchmesser. Blühfähig sind sie schon als vier- bis fünfjährige Jungpflanze. Bemerkenswert ist die auffallend bunte Bedornung. Der Mitteldorn kann bis 5 cm lang werden. Die Art ist sehr variabel und es wurden zahlreiche Varietäten beschrieben. Reinweiß und sehr dicht ist die Varietät *bolansis* bedornt, *T. bicolor* var. *wagnerianus* hat rötlichgelbe Dornen. Einige Varietäten wünschen im Winter nicht zu niedrige Temperaturen.

Thelocactus hexaedrophorus

Ein Hexaeder ist bekanntlich ein aus sechs gleichgroßen Quadraten gebildeter Würfel. So symmetrisch sind die Rippenhöcker des *T. hexaedrophorus* zwar nicht, aber recht kantig sehen sie manchmal schon aus. Die graugrüne Pflanze wächst kugelig und kann bis zu 15 cm im Durchmesser erreichen. Die Areolen sind länglich mit einer kurzen „Furche". Die derben, gerieften, zum Körper gebogenen Dornen sind gelb bis bräunlich, am Fuß rot. Die Blüten erscheinen bei älteren Pflanzen aus dem wolligen Scheitel. Sie können weiß bis hellrosa sein. Die früher gesondert geführte Art *T. fossulatus* wird heute als Standortform angesehen.

Thelocactus rinconensis subsp. *lophothele*

Früher ordnete man die Pflanzen dieses Formenkreises vier eigenständigen Arten zu: *T. rinconensis*, *T. phymatothelos*, *T. nidulans* und *T. lophothele*. Heute geht man von Unterarten aus, die sich in Körperbau und Größe sowie in der Bedornung unterscheiden. Die längsten Dornen mit bis zu 9 cm findet man an den Pflanzen von *T. nidulans*. Ganz kurze, manchmal auch keine Dornen hat *T. phymatothelos*. Dieser hat viel weniger, aber dafür breitere Rippenhöcker. Die Dornen variieren von braun bis schwarz und vergrauen im Alter. Die Blüten sind im Verhältnis zur Pflanzengröße nur klein, bis 3 cm, meist weiß bis gelblich oder rosa.

Lophophora williamsii subsp. *fričii*

Der „Peyote" wurde wegen seiner halluzinogenen Stoffe seit Urzeiten für Kulthandlungen von einzelnen Indianerstämmen genutzt. Für sie ist dieser Kaktus das Bindeglied zu den Göttern. Nur ausgewählte Stammesmitglieder begeben sich jährlich auf eine lange Reise, um den „Peyote" zu ernten. Dabei wird er nur abgeschnitten, nie ausgerissen. Zum großen Kultfest nach der Bestellung der Felder kommen die weit verstreut lebenden Stammesmitglieder zusammen, um gemeinsam bei Tanz und rhythmischer Musik den Rausch zu erleben. Nach der Unterwerfung und Entrechtung der Ureinwohner Nordamerikas hat sich der Peyotekult trotz Verbot schnell als vereinende „Religion" unter allen Indianerstämmen der Region verbreitet.

Turbinicarpus alonsoi

Diese Art wurde erst 1996 entdeckt und beschrieben. Sie besticht durch magentarote, leuchtende Blüten. Der blaugrüne Körper wird nur selten größer als 8 cm. Die Areolen sitzen auf dreikantig-pyramidalen Höckern mit einem bis fünf kurzen Dornen. Das Vorkommen der meisten *Turbinicarpus*-Arten ist auf wenige Standorte beschränkt. Über Jahrtausende haben sie den Widrigkeiten der Natur getrotzt und konnten sich erhalten. Erst seitdem der Mensch rücksichtslos seinen Pflanzenbedarf an natürlichen Standorten zu decken sucht, sind zahlreiche Populationen vom Aussterben bedroht, andere sind schon ausgerottet.

Turbinicarpus pseudopectinatus

So richtig will er ja nicht zu den *Turbinicarpus*-Arten passen mit seinen ca. 50 kurzen, kammartig gestellten Dornen, die wie ein Dach auf der beilförmigen Warze stehen. Das „typische" *Turbinicarpus* hat breite flache Warzen mit abstehenden oder fast fehlenden Dornen. Eine Ausnahme bildet *T. pseudomacrochele* var. *krainzianus*. Pflanzen dieser Art haben ähnlich kammartig flach gestellte Dornen, allerdings nur in der Jugend. Im Alter bilden sie dann die gattungstypischen Mitteldornen. Für seine Eingliederung in die Gattung *Turbinicarpus* spricht aber eine Naturhybride zwischen dieser Art und *T. laui* (Syn. *T.* × *mombergeri*).

Die nächsten Verwandten der Warzenkakteen

Coryphantha

Aussehen: Kugeliger, zylindrischer oder keuliger Körper mit breiten Warzen. Manche Arten entwickeln an der Basis Sprosse und bilden so große Polster. Wichtigstes Merkmal, das *Coryphantha* von *Mammillaria* trennt, ist eine Furche auf der Warze, welche die beiden Enden der lang gezogenen Areole verbindet. An der oberen Spitze der Warze bildet die Areole Dornen, während aus dem basalen Ende die Blüten erscheinen. Unter den Dornen sind die Warzen gut sichtbar, konisch, manchmal breiter als hoch oder stark verlängert zylindrisch. Die Dornen können den gesamten Körper bedecken oder einzeln stehen. Blüten entwickeln sich an jungen Warzen, also ganz in der Nähe des Scheitels. Sie sind meist gelb, weit öffnend und bis 10 cm groß. *C. elephantidens, C. macromeris, C. pseudoechinus, C. ramillosa* blühen rosa. Die Blütezeit reicht vom Ausgang des Frühjahrs bis weit in den Sommer. Für *Coryphantha* typisch sind „Nektardrüsen" (siehe Kasten Seite 117) an den Warzen, deren Ausscheidungen Ameisen anlocken, die ihrerseits für die Verbreitung der Samen sorgen.

Heimat: Trockengebiete des mexikanischen Hochlands und der angrenzenden Südstaaten der USA.

Pflege: *Coryphantha* sollten Sie im Winter kühl und trocken halten. Manche Arten vertragen auch Temperaturen unter 0°C. Aufgrund der Rübenwurzel sind *Coryphantha*-Arten gegen zu viel Feuchtigkeit sehr empfindlich. Sämlinge und Jungpflanzen sind gegen Pilzinfektionen anfällig. Das Pflanzsubstrat sollte rein mineralisch sein und reichlich Lehm enthalten. Ein Zusatz von Kalkmergel wirkt sich günstig auf die Gesundheit der Wurzeln aus. Die Arten sind besonders wegen ihrer großen, glänzenden Blüten bei Kakteensammlern beliebt. Allerdings braucht man etwas Geduld, denn *Coryphantha*-Arten wachsen nur langsam.

Escobaria

Aussehen: Der kleine, kugelige, im Alter kurzzylindrische Pflanzenkörper mit Warzen ist oft reich sprossend und Gruppen bildend. Die meist dichten und zahlreichen Dornen können fein oder borstig, weiß, gelblich oder bräunlich, manchmal mit dunkler Spitze sein. Areolen sind von der Spitze der Warze zur Axille

Coryphantha elephantidens

Escobaria emskoetteriana subsp. bella

hin verlängert und durch eine Furche verbunden. Blüten entwickeln sich am basalen Ende der Areole. Die Blühzone ist anders als bei *Mammillaria* in Scheitelnähe. Blüten von *Escobaria* erreichen selten über 2 cm Durchmesser. Auffällig ist die Bildung von mehr oder weniger deutlichen Wimpern am oberen Rand der Blütenblätter. Im Unterschied zu *Coryphantha* ist *Escobaria* viel zierlicher und blüht schon im zeitigen Frühjahr.
Heimat: Das nördlichste Vorkommen liegt in Südkanada (*E. vivipara*). Die Mehrzahl der Arten findet man im Südwesten der USA (Kalifornien, Nevada, Utah, Arizona, New Mexico, Texas) und in Nordmexiko (Chihuahua, Coahuila, Durango, Zacatecas, Tamaulipas). Das südlichste Vorkommen ist auf Kuba (*E. cubensis*). Solche geographisch weit voneinander entfernt liegenden Gebiete lassen auf unterschiedliche Pflegeansprüche schließen. Die klimatischen Gemeinsamkeiten: An allen Standorten sind die Winter sehr trocken, gefolgt von einem Frühjahr fast ohne Niederschläge. Je nach geographischer und Höhenlage können die Temperaturen auch unter den Gefrierpunkt sinken. Aber anders als in Mitteleuropa ist die Luftfeuchtigkeit dabei äußerst gering.
Pflege: Ganz problemlos ist die Kultur von *Escobaria* nicht. Der frühzeitige Knospenansatz verleitet dazu, gleich nach der Winterruhe zu gießen. Die Folgen sind häufig Wurzelverlust und bei weiteren Wassergaben das Verfaulen der ganzen Pflanze. Sie sollten sich nicht vor Mitte April zum Gießen verleiten lassen. Während der kurzen Vegetationszeit zwischen Mai und Juli brauchen die Pflanzen regelmäßig und ausreichend Wasser, ohne im Dauernass zu ertrinken. Grundsätzlich mögen *Escobaria*-Arten viel Licht und Wärme. Der Sommeraufenthalt im Freien kommt ihrem Bedürfnis nach extremen Temperaturunterschieden zwischen Tag und Nacht entgegen. Einen größeren Zuwachs erreicht man aber im Gewächshaus. Werden sie im Freien gehalten, muss man ab August für Regenschutz und allmähliches Abtrocknen des Pflanzsubstrates sorgen. Den Winter über mögen es *Escobaria* ganz trocken und kühl, möglichst auch hell. Für die Pflege im Zimmer sind sie kaum geeignet. Dagegen lassen sich einige Arten aufgrund ihrer Frosthärte im Steingarten mit Regenschutz kultivieren (*E. vivipara* und *E. missouriensis*). *E. leei, E. orcuttii, E. sandbergii* oder *E. tuberculosa* gelten bei uns als frosthart. Die Härte bezieht sich allerdings nur auf die Temperaturen, nicht auf die Feuchtigkeit. Schon die hohe Luftfeuchtigkeit unserer Breiten wirkt sich negativ auf die Pflanzengesundheit aus. Zur Beurteilung der Eignung als „Freilandpflanze“ ist neben der Art auch die Herkunft des Ausgangsmaterials (Samen) wichtig. Vielfach kommt eine Art in verschiedenen Höhenlagen vor und hat eine entsprechend unterschiedliche Frostverträglichkeit. Schließlich ist auch die Vorbereitung der Pflanzen maßgeblich für die gesunde Überwinterung im Freien, also rechtzeitiges „Trockenstellen“ im Herbst, damit sie ihr Wachstum einstellen. Mit den Blüten im zeitigen Frühjahr sind sie im trockenen Steingarten eine besondere Attraktion.

Die Warzenkakteen

Wuchs: *Mammillaria* ist die artenreichste Gattung im Kakteenreich. Entsprechend vielgestaltig sind diese Arten: flachkugelig, kugelig bis keulig oder zylindrisch, einzeln selten über 12 cm Durchmesser oder über 25 cm hoch. Etliche Arten sprossen und bilden mit der Zeit große Gruppen und Polster. Wichtigstes Merkmal sind die nur Dornen tragenden Warzen, während die Blüte am Fuße der Warzen aus der Axille entspringt. Die Warzen stehen in streng geometrischen, sich überschneidenden Reihen. Das Verhältnis der Überschneidungen (Berührungszeilen) ist bei einer Art immer gleich. Warzenähnliche Höcker, auf denen die Areolen mit Dornenpolster sitzen, gibt es auch bei anderen Kakteengattungen. Hier entwickeln die Areolen immer neben den Dornen auch die Blüten. Die Warzen bei *Mammillaria* können flach-konisch bis gestreckt-zylindrisch sein. Noch vielgestaltiger sind die Dornen, meist kann man zwischen Rand- und Mitteldorn unterscheiden. Bei vielen Arten bedecken die Dornen den Körper und geben ihm sein charakteristisches Aussehen. Die zahleichen, kleinen, napfförmigen Blüten erscheinen im Kranz um den Scheitel. Am häufigsten sind sie weißlich, beige, rosa und rot. Gelb blühende Arten mit auffällig langen, ausgeprägten Warzen wurden früher in der eigenständigen Gattung *Dolichothele* geführt.

Heimat: Die meisten *Mammillaria*-Arten wachsen in den Trockengebieten Mexikos. Nur wenige Arten haben ihre Heimat weiter nördlich im Südwesten der USA. Weiter südliche Vertreter von *Mammillaria* finden sich auf den Antillen sowie in Südamerika in Kolumbien und Peru.

Pflege: *Mammillaria* gehören bis auf einige Ausnahmen zu den leicht zu pflegenden Kakteen. Bei der großen Zahl der Arten und den unterschiedlichen Vorkommensgebieten gibt es aber Unterschiede:

■ **Kugelige Pflanzen mit derben, jedoch nicht so zahlreichen Dornen**, die den Pflanzenkörper mit pyramidalen Warzen nicht völlig verdecken, gehören der Milchsaft führenden Sippe an. Der Milchsaft tritt bei jeder Verletzung der Pflanze aus. Die Pflanzen vermitteln uns schon durch ihr Aussehen, dass sie sehr hart im Nehmen sind und so manchen Kulturfehler wegstecken. Ihre Blüten erscheinen im Kranz um den Scheitel und sind geöffnet so groß, dass sie den gesamten Raum zwischen den Warzen ausfüllen. Sie erscheinen von Frühjahr bis Sommer oft in mehreren Kränzen. In dieser Zeit sollen die Pflanzen regelmäßig mit Wasser versorgt werden, jedoch ohne dass Staunässe entsteht. Bei der Kultur im Freien entwickeln sich die Dornen besonders kräftig. Sonnenschutz ist während der Umstellung auf die direkte Sonne angebracht. Die meiste Zeit bedarf es keiner weiteren Pflege, weil unsere sommerlichen Niederschläge für die Kakteen ausreichen. Für Dränage muss natürlich

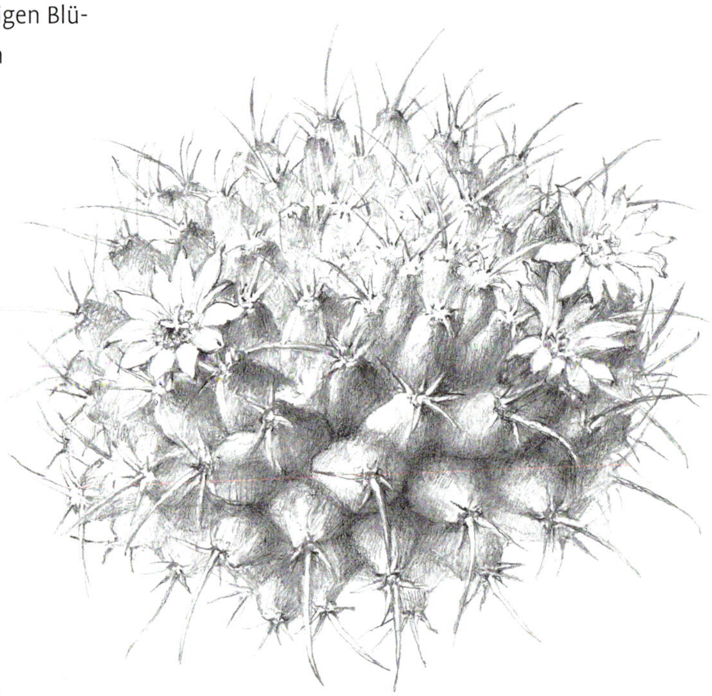

Mammillaria magnimamma (centricirrha)

gesorgt sein. Das Einräumen hat Zeit, bis die ersten Nachtfröste einsetzen oder wenn der Sommerausklang von Dauerregen begleitet wird. Für den Winter reicht ein kühler Platz. Zur Endgröße herangewachsene Pflanzen braucht man von November bis Anfang März nicht zu gießen.

■ **Die etwas kleineren Arten mit zylindrischen Warzen**, deren weicher Körper unter den dichten feinen Dornen fast nicht zu sehen ist, besitzen meist einen hakig gebogenen Mitteldorn. Diese Arten sind etwas empfindlicher gegen zu viel Feuchtigkeit, ansonsten aber ähnlich unkompliziert wie die erstgenannten. Sie wachsen und blühen ebenso gut, wenn sie einen sonnigen Platz am Fenster haben und keine Sommerfrische in Freien genießen können.

■ **Die weiß bedornten, kleinwarzigen Arten** lieben viel Sonne. Zum Schutz der Blütenknospen entwickeln sie in den Axillen weiße Wolle, welche der Pflanze ein besonders dekoratives Aussehen verleiht. Dazu tragen auch die dunkelbraunen bis schwarzspitzigen Mitteldornen und die zahlreichen kleinen, purpurrosa Blütchen bei.

■ ***Mammillaria*-Arten, die ihre Heimat in Nordwestmexiko haben** (sonorisches Pflanzenreich beiderseits des Golfes von Kalifornien), sind Wärme liebend und noch trockener zu halten. Man erkennt sie am Wuchs: Sie sind kurzsäulig, rotbräunlich mit zahlreichen Seitentrieben, die sich leicht von der Mutterpflanze lösen. Auf den zylindrischen Warzen sitzen die Dornen kranzförmig um die 1–3 kräftigen, oft hakig gebogenen Mitteldornen. Besonders schön sind die auffällig großen Blüten.

Eine Kakteensammlung, in der nur *Mammillaria* gepflegt werden, sieht keinesfalls langweilig aus. Die Arten dieser Gattung sind vielgestaltig, die Dornen unterschiedlich gefärbt, außerdem sorgen die zahlreich erscheinenden Blüten immer wieder für dekorative Höhepunkte.

Mammillaria mazatlanensis

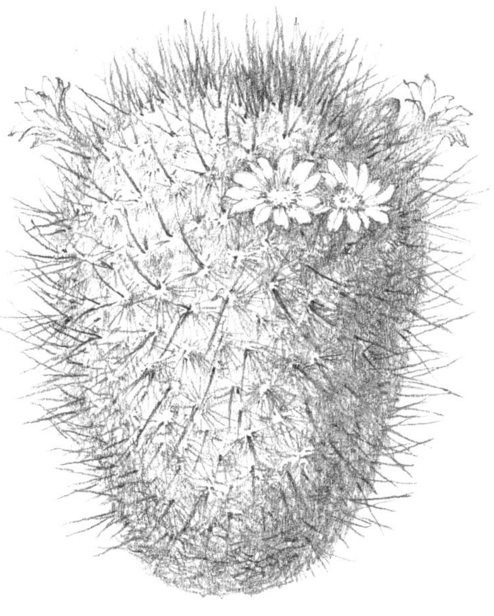

Mammillaria haageana

Warzenkakteen-Verwandtschaft im Porträt

Coryphantha clavata

Der Gattungsname nimmt auf den scheitelnahen Ursprung der Blüten Bezug (griech. „koryphe“ = Schopf und „anthos“ = Blüte). *Coryphantha* ist neben *Mammillaria* der am weitesten verbreitete Kugelkaktus in Nordamerika. *C. clavata* wächst am Fuße von Kalkhügeln in dem weiten, trockenen Gebiet zwischen den beiden Höhenzügen der Sierra Madre.

Coryphantha elephantidens

Die „elefantenzähnige“ *Coryphantha* erreicht einen Durchmesser von 20 cm und stellt damit die größte Art innerhalb der Gattung. Der Name wurde aufgrund der großen, wulstigen Warzen gewählt. Dunkelgrüne Pflanzenkörper kontrastieren sehr schön mit weißer Axillenwolle. Die seidig glänzende Blüte kann einen Durchmesser von 10 cm erreichen.

Escobaria missouriensis

Die Pflanze sprosst reichlich und bildet im Alter Polster. Viele Standortvarietäten von *E. missouriensis* vertragen unsere Wintertemperaturen, wenn sie am Tag durch intensive Sonnenstrahlung wieder aufgewärmt werden. Dagegen werden Temperaturen schon um 0 °C bei trübem Wetter und hoher Luftfeuchtigkeit schlecht vertragen.

Mammillaria hahniana

Der breitkugelige Körper erreicht bis 10 cm Durchmesser. Zwischen den zahlreichen Warzen werden weiße Borstenhaare und in der Blühzone reichlich weiße Wolle zum Schutz der Blütenknospen gebildet. Die purpurroten bis rosa Blüten erscheinen im Kranz um den Scheitel. In Kultur beginnen schon dreijährige Jungpflanzen zu blühen.

Mammillaria californica

Diese Art gehört zu der Mammillariengruppe aus dem sonorischen Pflanzenreich mit säulig-zylindrischem Wuchs, hellen Rand- und dunklen Mitteldornen und verhältnismäßig großen Blüten. Entsprechend ihrer Heimat benötigt sie besonders viel Sonne und Wärme und sollte nur sehr sparsam, im Winter gar nicht gegossen werden.

Mammillaria haageana

Eine Art mit geringem Größenwachstum ist für Sammlungen mit begrenztem Platz besonders empfehlenswert. Die Pflanzen wachsen kurzzylindrisch. Auch im Alter werden sie kaum stärker als 5 cm und selten höher als 12 cm. Zu ihrer gesunden Entwicklung benötigen sie ausreichend Licht und Sonnenschein.

Mammillaria carmenae

Die Einzelpflanze wächst gedrückt kugelig, später Gruppen bildend. Jede Areole bildet einen Kranz aus etwa 100 feinen, flach aufwärts gestellten Haardornen, Mitteldornen fehlen. Die weißen bis rosa Blütchen erscheinen schon im zeitigen Frühjahr. Die Art ist anspruchslos und hat schon in zahlreiche Sammlungen Einzug gehalten.

Mammillaria luethy

Eine Zwerg-*Mammillaria* mit Köpfchen von kaum 2 cm Durchmesser. Ihre dichtstehenden Warzen sind etwa streichholzstark. Am Ende trägt jede Warze ein Pölsterchen aus vielleicht 100 weißen Börstchen. Die Blüten, die auch in Kultur zahlreich erscheinen, erinnern eher an die eines Apfelbaumes.

Erklärung der Fachbegriffe

Areal Die geographische Verbreitung einer (Kakteen-) Art.

Areole Typisch für Kakteen: Ein gestauchter Seitentrieb, der im Pflanzeninneren Verbindung mit dem Leitbündel zum Zentralzylinder hat. Außen bildet er das Dornenpolster und die Basis für Blüten- und Sprossknospen.

Art (Spezies) Grundeinheit der Systematik. Man versteht darunter eine Abstammungsgemeinschaft, die in äußeren und inneren Eigenschaften übereinstimmen und sich durch mehrere konstante erbliche Merkmale von anderen Arten unterscheiden. Der Artname wird klein geschrieben. Es gilt der Name der Erstbeschreibung.

Axille Bei *Mammillaria* am Grund zwischen den Warzen. Abweichend von anderen Kakteen Ausgangsort für Seitensprosse und Blüten, auch von Haaren, Borsten und Wolle, während das Dornenpolster auf der Warze sitzt.

Befruchtung Auf der klebrigen Narbe führen bestimmte chemische Reize zur „Keimung“ des Pollenkorns. Die eigentliche Befruchtung geschieht in der Samenanlage durch Vereinigung einer Spermazelle mit einer Eizelle, es entsteht ein Samenkorn. Man unterscheidet auch bei den Kakteen selbststerile und selbstfertile Arten. Bei letzteren keimt auch Pollen derselben Pflanze auf der Narbe einer Blüte. Bei selbststerilen Arten muss der Blütenstaub von einer anderen Pflanze stammen, die auch nicht dem gleichen Klon angehören darf. Es gibt auch genetische Barrieren, die teilweise das Auskeimen artfremder Pollen verhindern.

Bestäubung Vorgang der Übertragung der Pollen von einer Blüte zur anderen. In der Natur geschieht dies häufig durch Insekten. Die Blüten locken durch Duft, Nektarproduktion, aber auch durch ihre Farbe bestimmte Insekten an. In tropischen Regionen kennt man auch Fledermäuse und Kolibris als Pollenüberträger.

Cephalium Haare, Wolle und Borsten einer besonders ausgebildeten, Blüten tragenden Region bestimmter Kakteenarten. Bekanntestes Beispiel ist *Melocactus*. Wenn er ein Cephalium bildet, stellt die Pflanze das Wachstum ein, nur das Cephalium nimmt Jahr für Jahr an Höhe zu. Aber auch verschiedene Säulenkakteen bilden in der Blühzone ein Cephalium, welches als **Rippencepalium** bezeichnet wird.

Chlorophyll Farbstoff der grünen Pflanzenteile, auch Blattgrün genannt; maßgeblicher Katalysator bei der Assimilation (= Photosynthese). Es ist mit dem orangeroten Karotin in den Chloroplasten der außen liegenden Pflanzenzellen lokalisiert. Bei den „rotköpfigen“ Gymnocalycium fehlt das Chlorophyll, wodurch der rote Farbstoff allein für die rote Färbung sorgt.

Kutikula Bei Kakteen verhältnismäßig dicke, fast wasserundurchlässige Haut über den Außenzellen der Pflanze.

Dornen sind im botanischen Sinne umgewandelte Blätter. An einem Dornenpolster kann man häufig zwischen derben Mitteldornen und feineren Randdornen unterscheiden. Im Gegensatz zu Stacheln gehen Dornen aus dem Zentralzylinder hervor, sitzen nicht nur auf der äußeren Haut einer Pflanze und können somit nicht einfach entfernt werden. Gut zu merken: Eine Rose – hat entgegen landläufiger Meinung –Stacheln, keine Dornen!

Epiphyten Aufsitzer, in Humusansammlungen zur besseren Lichtausbeute meist auf Bäumen wachsend, aufgrund eigener Photosyntheseleistung jedoch nicht schmarotzend.

Gattung (Genus) Systematische Einheit, in der ähnliche Arten zu einer übergeordneten Einheit zusammengefasst werden. Die Gattung wird mit großem Anfangsbuchstaben geschrieben.

Glochiden Sie kommen nur bei Vertretern der Opuntiengewächse vor. Es sind sehr feine, sich leicht von der Areole lösende Dornen mit mikroskopisch kleinen Widerhaken.

Hybride Nachkommen aus einer Kreuzung zweier Arten. Gehören die Eltern unterschiedlichen Gattungen an, spricht man von einer Gattungshybride.

Kapillarwirkung Eine Kapillare ist ein sehr enges Röhrchen. In ihm zieht sich eine Flüssigkeit, zum Beispiel Wasser, auf Grund der Adhäsion nach oben. Nach dem gleichen Prinzip steigt das Bodenwasser aus tieferen Bodenschichten oder aus dem mit Wasser gefüllten Untersetzer in den feinen Zwischenräumen des Substrates nach oben.

Leitbündel Im Pflanzeninneren lang gestreckte Zellen, die auf den Wassertransport von unten nach oben und den Saftstrom in umgekehrter Richtung spezialisiert sind. Diese Zellen sind kreisförmig in der Pflanzenmitte angeordnet. Sie werden deshalb auch als Zentralzylinder bezeichnet. Die aufwärts führenden Zellen sind stark verholzt und verleihen den Pflanzen Stabilität.

Mutation Spontan auftretende Veränderung des Erbgutes.

Nomenklatur Die wissenschaftliche Namensgebung bei Pflanzen und Tieren, eine Teildisziplin der Taxonomie. Die binäre Nomenklatur nach Linné schreibt vor, dass jeweils Gattung und Art zur Benennung eines Individuums gehören.

Petalen Die inneren, meist breiteren Blütenblätter im Gegensatz zu den Sepalen, den äußeren, meist schmaleren Blütenblättern. Besonders bei den Blüten der „Königin der Nacht" lassen sie sich gut unterscheiden (siehe auch **Sepalen**).

Radiäre Blüten Sie sind so aufgebaut, dass sie in mehr als zwei Symmetrieebenen in Spiegelbilder zerlegt werden können (siehe auch **zygomorphe Blüten**).

Rippen Unter jedem Seitentrieb – bei Kakteen zur Areole reduziert – sitzt ein Blatt, das sich im Laufe der Entwicklung zu Speichergewebe umbildete. Sind die so genannten „Podarien" senkrecht untereinander angeordnet und miteinander verschmolzen, entstehen Rippen. Die Ausbildung von Rippen ermöglicht es einem Kaktus, seinen Körper an Volumenänderungen durch Wasseraufnahme oder -verlust anzupassen, ohne dass die Außenhaut leidet (Blasebalgprinzip).

Sepalen Die bei einer Blüte außen liegenden, meist schmaleren Blütenblätter (siehe auch **Petalen**).

Spaltöffnungen Öffnungen in der Außenhaut (Epidermis) der Pflanzen, die den Gasaustausch zum Pflanzeninneren und die Wasserverdunstung ermöglichen. Sie sind von Schließzellen umgeben, die sich abhängig vom Zelldruck öffnen oder schließen. Bei den sukkulenten Pflanzen weisen die Spaltöffnungen Ausbildungen auf, die einen Transpirationsschutz bewirken. Auch zahlenmäßig sind die Spaltöffnungen bei Sukkulenten wesentlich geringer. So wurden an einem Ahornblatt 860, auf verschiedenen Kakteen hingegen nur 20 bis 70 Spaltöffnungen pro mm^2 gezählt.

Sukkulente Wasser speichernde Pflanzen. Je nachdem, wo das Speichergewebe angelegt ist, unterscheidet man Stamm-, Blatt- oder Wurzelsukkulenten. Kakteen rechnet man zu den Stammsukkulenten, obgleich viele Arten auch in dicken Rübenwurzeln einen Wasserspeicher anlegen. Neben der Wasserspeicherung verfügen Sukkulente über verschiedene Besonderheiten im Körperbau und den Stoffwechselabläufen, mit Hilfe derer sie sich unter extremem Wassermangel behaupten können.

Synonym Ein weiterer Name für eine bereits benannte Art oder Gattung.

Varietät (var.) Systematische Einheit, hierarchisch unter einer Art liegend.

Vermehrung, generativ Die generative Vermehrung setzt Bestäubung, Befruchtung und die daraus folgende Bildung keimfähiger Samen voraus. In jedem Samenkorn ruht eine neue Pflanze. Erst wenn bestimmte Voraussetzungen (in erster Linie Feuchtigkeit und Wärme) gegeben sind, beginnt die Keimung. Bei vielen Pflanzen wie auch bei Kakteen kennt man das Phänomen der **Keimruhe**: Der Samen keimt trotz Feuchtigkeit und Wärme nicht. Man führt diese Erscheinung auf keimhemmende Stoffe im Samen zurück, die erst abgebaut werden müssen, bevor die Keimung einsetzen kann.

Vermehrung vegetativ Bei der vegetativen Vermehrung werden Stücke einer Mutterpflanze abgeschnitten, bewurzelt oder veredelt. Man erhält so Nachzuchten, die mit der Mutterpflanze und untereinander genetisch identisch sind. Das ist für die Vermehrung von Hybriden wichtig, bei der man die Eigenschaften der Mutterpflanze (z.B. Blütenmerkmale) in allen Nachkommen erhalten will. Alle vegetativen Nachkommen einer Mutterpflanze bezeichnet man als einen **Klon.**

Warze Sie entsteht durch Ausstülpung des Speichergewebes (Podarium), wobei die Areole auf der Spitze der Warze sitzt. Anderenfalls spricht man von einem Höcker.

Zygomorphe Blüten Bei ihnen besitzt der Blütenaufbau nur eine Symmetrieebene mit einem Spiegelbild (siehe auch **radiäre Blüten**).

Bezugsquellen, Adressen, Literatur

Auswahl an Kakteengärtnereien mit Versandhandel

Kakteen Haage, Blumenstraße 68, 99092 Erfurt
Tel. 0361/229 40 00
Internet: www.kakteen-haage.de
Bebilderter Katalog, auch Samen, Literatur und Zubehör im Angebot

Kakteen Piltz, Monschauer Landstraße 162, 52355 Düren
Tel. 02421/61 44 3
Internet: www.kakteen-piltz.de
Versandliste, auch Samen im Angebot

Albert Plapp, Drosselweg 5, 84178 Jesendorf
Tel. 08744/83 66
Internet: www.kakteen-plapp.de

Andreas Wessner, Hauptstraße 149, 76461 Muggensturm
Tel. 07222/53 97 5
Internet: www.kakteen-wessner.de
Spezialität: *Echinopsis*-Hybriden

Uhlig Kakteen, Hegnacher Straße 31, 71394 Kernen
Tel. 07151/41 89 1
Internet: www.uhlig-kakteen.de
Bebilderter Katalog, auch Samen, Literatur und Zubehör im Angebot

Georg Schwarz, An der Bergleite 5, 90455 Nürnberg
Tel. 09122/77 27 0
Internet: www.kakteen-schwarz.de
Sehr umfangreiches Angebot an technischem Zubehör

Kakteengesellschaften

Deutsche Kakteen-Gesellschaft e.V.
Oos-Straße 18, 75179 Pforzheim
Internet:
www.deutschekakteengesellschaft.de

Gesellschaft Österreichischer Kakteenfreunde, Buchenweg 9, A-4810 Gmunden
Internet: www.cactus.at

Schweizerische Kakteen-Gesellschaft, Eichstraße 29, CH-5432 Neuenhof
Internet: www.kakteen.org

Arbeitsgruppe Echinocereus,
Internet:
www.arbeitsgruppe-echinocereus.de

Arbeitsskreis für Mammillarienfreunde e.V.
Email: info@mammillaria.eu
Internet: www.mammillaria.eu

Interessengemeinschaft Epiphytische Kakteen
Email: jbockemuehl@web.de

Weiterführende Literatur

Bücher:

Das große Kakteenlexikon; E. F. Anderson
ins Deutsche übersetzt und bearbeitet von Urs Eggli, Zürich/Schweiz
Verlag Eugen Ulmer 2005

Kakteen; Cullmann, Götz, Gröner
Verlag Eugen Ulmer, 7. Auflage

Die Gattung/The Genus Astrophytum Lem.; Heinz Hoock
Selbstverlag 2008

Sulcorebutia;
Augustin, Gertel, Hentzel
Verlag Eugen Ulmer 1997

Winterharte Kakteen;
Fritz Kümmel und Konrad Klügling
Haage-Kakteen-Verlag, Erfurt

Fachzeitschriften

„Kakteen und andere Sukkulenten"
Herausgeber: Deutsche Kakteengesellschaft e.V.

Register

Sachregister

Register der botanischen Namen

Bildquellen

Titelfoto: mauritius images / Stock Image

Carius, Jan Seite 113 unten

Graf, Hans Seite 33 unten

Haage, Amrey Seite 14 rechts, 20, 44 rechts, 45, 46, 47 rechts, 48 links u. rechts, 49 oben, unten links u. unten rechts, 66 oben links, 76 oben links, 80 oben links, oben rechts, unten links u. unten rechts, 81 oben rechts u. unten rechts.

Haage, Hans-Friedrich Seite 6 oben u. unten, 15, 26, 36, 41, 43, 44 links, 47 links, 51, 66 unten rechts, 76 oben rechts u. unten links, 77 oben links, oben rechts, unten links u. unten rechts, 81 unten links, 85 oben, 90 oben links, oben rechts u. unten rechts, 91 oben rechts, 96 oben links u. unten links, 102 oben links, oben rechts u. unten rechts, 103 oben links, oben rechts u. unten rechts, 106 oben links, 107 oben links u. unten links, 112 unten, 118 oben links, 122 oben links u. unten rechts, 123 oben links, 129 Mitte.

Haage, Ulrich Seite 33 oben, 62 oben links u. unten links, 63 oben rechts, unten rechts u. unten links, 66 oben rechts u. unten links, 67 oben links, oben rechts, unten links u. unten rechts, 84 oben u. Mitte, 85 Mitte u. unten,91 unten links, 97 oben links, oben rechts, unten links u. unten rechts, 103 unten links, 106 unten links u. unten rechts, 107 oben rechts, 118 oben rechts u. unten rechts, 119 oben rechts u. unten rechts, 122 unten links, 123 unten links u. unten rechts, 128 Mitte u. unten, 129 oben u. unten, 134 unten rechts, 135 oben rechts, unten links u. unten rechts.

Krahn, Wolfgang Vorsatz vorne und hinten, Seite 8 rechts u. links, 9, 12, 76 unten rechts, 102 unten links.

Malzan, Andreas Seite 7, 62 oben rechts, 63 oben links, 84 unten, 91 oben links u. unten rechts, 96 oben rechts u. unten rechts, 106 oben rechts, 107 unten rechts, 112 oben u. Mitte, 113 oben u. Mitte, 119 oben links u. unten links, 123 oben rechts, 128 oben, 134 oben links, oben rechts u. unten links, 135 oben links.

Neumann, Barbara Seite 34

Neumann, Klaus Seite 4, 11, 13, 54.

Spitzner, Bernd Seite 118 unten links

Thomas, Hans-Peter Seite 10, 14 links.

Wessner, Andreas Seite 81 oben links

Zacher, Rudolf Seite 29

Danksagung

Der Charakter des Buches wurde wesentlich durch die sehr schönen Bleistiftzeichnungen von Herrn Helmut Meiner, Meißen, geprägt.
Er war schon als Zeichner für das Kakteen-Lexikon meines Vaters tätig und hat sich nun mit viel Liebe der Ausstattung dieses Buches gewidmet.
Herr Lutz-Erich Müller, Leipzig, ergänzte diese stimmungsvollen Kakteenporträts durch detaillierte Farbzeichnungen im vorderen Buchteil.
Die ausdrucksvollen Landschaftsfotos verdanke ich Herrn Wolfgang Krahn, Stuttgart, Herrn Klaus Neumann, Wiesbaden und Herrn Hans-Peter Thomas, Bad Hersfeld. Sie gaben mir auch wichtige Informationen über die speziellen Klimaverhältnisse an den Naturstandorten der Kakteen.
Mit viel Geduld und Engagement hat die Lektorin, Frau Karin Wachsmuth, Ideen und Vorstellungen von Autor und Verlag zu einem stimmigen Werk zusammengeführt.
Bedanken möchte ich mich bei meiner Frau Liebgund Haage, die meine Arbeit am Buch von Anfang an begleitet und mit großer Sorgfalt Fehler im Manuskript aufgespürt hat.

Hans-Friedrich Haage
Erfurt, im Frühjahr 2008

Bibliografische Information der Deutschen Nationalbibliothek
Die Deutsche Nationalbibliothek verzeichnet diese Publikation in der Deutschen Nationalbibliografie; detaillierte bibliografische Daten sind im Internet über http://dnb.d-nb.de abrufbar.

Wollgrasweg 41, 70599 Stuttgart
(Hohenheim)
E-Mail: info@ulmer.de
Internet: www.ulmer.de
Lektorat: Karin Wachsmuth
Innenlayout und dtp:
Atelier Reichert, Bertold Buchheiser, Stuttgart
Umschlagentwurf: red.sign,
Anette Vogt, Stuttgart
Reproduktionen:
BRK, Stuttgart und
Medienfabrik, Stuttgart
Druck und Bindung: Firmengruppe
APPL, aprinta druck, Wemding
Printed in Germany

ISBN 978-3-8001-4643-7